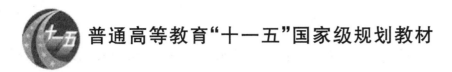
普通高等教育"十一五"国家级规划教材

虚拟仪器系统设计及应用

周求湛　刘萍萍　钱志鸿　编著

北京航空航天大学出版社

内 容 简 介

本书以虚拟仪器系统设计为主要内容,从如何设计一个完整的系统角度出发,介绍虚拟仪器系统设计的主要思想、各类信号的测试原理和虚拟仪器应用中的一些最新技术。

全书共10章,共分两大部分:第一部分(第1章至第5章)介绍虚拟仪器的基本概念和虚拟仪器系统基础知识,重点介绍数据采集,包括模拟信号及数字信号测量的基本方法;第二部分(第6章至第10章)系统介绍在数据分析处理、仪器控制(GPIB、VISA 和串口等)、无线测量和分布式测量等方面的基础,并在最后一章通过实际应用加以综合。

本书编排结构合理,循序渐进,运用大量实例阐述概念和系统设计难点,突出系统性和实用性。

本书可作为大专院校测控技术与仪器和电子信息等相关专业的教材或教学参考书,也可作为实验室技术人员和工程技术人员开发现代测试系统的参考书。

图书在版编目(CIP)数据

虚拟仪器系统设计及应用 / 周求湛等主编. --北京:
北京航空航天大学出版社,2011.6
ISBN 978 - 7 - 5124 - 0385 - 7

Ⅰ.①虚… Ⅱ.①周… Ⅲ.①虚拟仪表－系统设计
Ⅳ.①TH86

中国版本图书馆 CIP 数据核字(2011)第 045748 号

版权所有,侵权必究。

虚拟仪器系统设计及应用
周求湛 刘萍萍 钱志鸿 编著
责任编辑 金友泉

*

北京航空航天大学出版社出版发行
北京市海淀区学院路 37 号(邮编 100191) http://www.buaapress.com.cn
发行部电话:(010)82317024 传真:(010)82328026
读者信箱:bhpress@263.net 邮购电话:(010)82316936
涿州市新华印刷有限公司印装 各地书店经销

*

开本:787×960 1/16 印张:9.5 字数:213千字
2011年6月第1版 2011年6月第1次印刷 印数:4 000 册
ISBN 978 - 7 - 5124 - 0385 - 7 定价:18.00元

前　言

　　所谓虚拟仪器即是将现有的计算机主流技术与革新的灵活易用的软件和高性能模块化硬件结合在一起，建立起功能强大又灵活易变的基于计算机的测试测量与控制系统来替代传统仪器（价格昂贵，功能单一）的功能。这种方式不但享用到普通计算机不断发展的性能，还可体会到完全自定义的测量和自动化系统功能的灵活性，最终构建起满足特定需求的系统。

　　目前，虚拟仪器作为现代仪器发展的一个全新的方向，经过十几年的发展已经越来越受到人们的重视。尤其是采用虚拟仪器方案可以大大地缩短开发周期，降低开发成本，成为人们构建现代测控系统的首选。虚拟仪器的诸多开发工具当中，最具竞争力的就是美国 NI 公司的 LabVIEW。

　　LabVIEW 是一个革命性的图形化编程平台，它在数据采集（Data Acquisition，简称 DAQ）、VISA（Virtual Instrument Soft Architecture）、GPIB（General Purpose Interface Bus）及串口仪器控制、图像处理、运动控制（Motion Control）、数据分析和图表显示方面具有强大的优势。LabVIEW 已经成为测量与自动化解决方案的实际工业标准。基于 LabVIEW 的虚拟仪器技术在航空航天、半导体、通信、机械工程、生物医疗、地质勘探、铁路交通等诸多领域都有着广泛的应用。

　　然而，虚拟仪器不仅仅是以 LabVIEW 为代表的图形化软件，还包括以 PXI、CompctRIO 等为代表的开放性模块化仪器硬件平台。这些标准的硬件平台和不断增加的新模块化仪器为解决各种测试难题提供了基础。

　　全书共分为两大部分：第一部分（第 1 章～第 5 章）介绍虚拟仪器的基本概念和虚拟仪器系统基础知识，重点介绍数据采集，包括模拟信号及数字信号测量的基本方法；第二部分（第 6 章～第 10 章）系统介绍在数据分析处理、仪器控制（GPIB、VISA 和串口等）、无线和分布式测量等方面的基础知识，并在最后一章通过实际应用加以综合。

　　由于虚拟仪器领域范围宽广，同时本人研究经历有限，不能全部涉及。文中不当之处也恳请同仁批评指正，必当虚心接受，尽快改正。

　　在撰写本书的五年时间里，始终全心投入。特别是在美国 Virginia Tech 大学访问一年期间，尽管是工作在离 Maryland 州和 Washington D. C. 很近的 NVC 校区，仍深受该校 Blacksburg 主校区虚拟仪器技术方面成就的感染，有很多事情终身不忘。在此，还要感谢美国 NI 公司市场部的陈庆全和徐赟先生，感谢他们在本书的编写过程中提供的帮助。本书所有的程序都由刘萍萍、王墨林和戴宏亮三位老师在美国 NI 公司与吉林大学联合建设的虚拟仪器实验室内进行了测试，并向参与程序测试和校对的高健，吴丹娥，张贺彬，刘超，张彦创和汤利顺同学表示感谢。也向参与本书的其他相关同志和同学表示感谢!

感谢所有关心我的人!

让虚拟仪器技术助力创新与实践!让我们享受虚拟仪器技术带来的快乐!

本书得到了国家自然科学基金项目(60906034)、吉林省自然科学基金项目(201115029)、黑龙江省教育厅科学技术研究项目(11551504)和吉林大学高水平研究生课程体系建设项目(20101004)的资助,在此一并向资助单位和项目参与人员表示感谢。

作 者

2011 年 2 月

目　　录

第1章　绪　论 ··· 1

1.1　虚拟仪器概述 ··· 1
1.1.1　虚拟仪器的概念 ··· 1
1.1.2　虚拟仪器的优势 ··· 1
1.1.3　虚拟仪器和传统仪器的比较 ·· 3
1.1.4　虚拟仪器的分类 ··· 6

1.2　虚拟仪器系统的组成 ·· 8
1.2.1　高效的软件开发平台 ·· 8
1.2.2　测试硬件平台 ·· 9
1.2.3　用于集成的软硬件平台 ··· 10

1.3　虚拟仪器系统的应用与展望 ··· 10
1.3.1　虚拟仪器系统的应用现状 ··· 10
1.3.2　虚拟仪器系统的展望 ·· 12

第2章　虚拟仪器系统设计基础 ·· 14

2.1　被测信号 ·· 14
2.1.1　物理现象与传感器 ·· 14
2.1.2　被测信号的类型 ··· 15
2.1.3　模拟输入的类型 ··· 15
2.1.4　数字 I/O ··· 16

2.2　信号调理 ·· 17
2.2.1　信号调理的类型 ··· 17
2.2.2　信号调理的五个关键问题 ··· 19

2.3　测试系统的基本概念 ·· 21
2.3.1　信号源与测量系统 ·· 23
2.3.2　硬件与软件定时 ··· 26
2.3.3　采样速率与混叠 ··· 26
2.3.4　触发 ·· 28
2.3.5　信号分析 ··· 30
2.3.6　设备校准 ··· 31

2.4 创建一个典型的测量应用 31
2.4.1 I/O 控件 32
2.4.2 多态的 VI 33
2.4.3 VI 的属性 33
2.4.4 创建一个典型的 DAQ 应用 33
2.4.5 物理通道和虚拟通道 34
2.4.6 测量任务 34
2.4.7 波形控件和数字波形控件 34
2.4.8 显示波形 35
2.5 系统设计中的抗干扰技术 37
2.5.1 噪声的定义 38
2.5.2 抑制噪声的基本原则 38
2.5.3 抗干扰技术总述 39
2.5.4 干扰的分类及其抑制措施 41

第 3 章 模拟信号的测量 46
3.1 电压的测量 46
3.1.1 直流电压的测量 46
3.1.2 交流电压的测量 48
3.1.3 温度测量 52
3.2 电流的测量 53
3.3 电阻的测量 55
3.3.1 Two-wire 测量法 55
3.3.2 Four-wire 测量法 55
3.3.3 应变的测量 56
3.4 模拟信号频率的测量 58
3.4.1 NI-DAQ VIs 测量模拟信号的频率 58
3.4.2 通过仪器测量频率 58
3.4.3 通过滤波测量频率 59

第 4 章 模拟信号的输出 61
4.1 电压信号产生概述 61
4.1.1 直流信号的产生 61
4.1.2 交流信号的产生 62

4.2 对模拟输出信号的连接 62
　　4.2.1 使用 NI-DAQmx VIs 输出电压 63
　　4.2.2 电压输出所用的仪器 63

第 5 章 数字信号的输入输出 64

5.1 数字信号生成 64
　　5.1.1 开关量输出 66
　　5.1.2 PWM 输出 67
5.2 数字信号的测量 68
　　5.2.1 计数器/定时器概述 68
　　5.2.2 数字信号脉宽的测量 69
5.3 双计数器/定时器测量方法 71
　　5.3.1 双计数器/定时器测量较高频率 71
　　5.3.2 双计数器/定时器用于大量程计数 72

第 6 章 数学计算与信号处理 74

6.1 数学计算 75
　　6.1.1 公式计算 75
　　6.1.2 微积分及常微分方程计算 78
　　6.1.3 曲线拟合 81
　　6.1.4 概率与统计 83
　　6.1.5 线性代数计算 84
6.2 信号产生、监测与处理 85
　　6.2.1 信号产生 86
　　6.2.2 波形监视 87
　　6.2.3 波形测量 88
6.3 信号处理 89
　　6.3.1 信号处理 89
　　6.3.2 数字滤波器与窗函数 91
　　6.3.3 波形调理 94

第 7 章 测试文件保存与报告生成 96

7.1 测试文件的存储 96
　　7.1.1 文本文件 96

7.1.2　二进制文件……………………………………………………………… 97
　　7.1.3　数据记录文件…………………………………………………………… 98
7.2　文件 I/O 的操作节点分类 …………………………………………………… 100
　　7.2.1　文件 I/O 的普通操作节点 ……………………………………………… 100
　　7.2.2　文件 I/O 的底层和高级操作节点 ……………………………………… 100
7.3　特殊的数据记录格式 ………………………………………………………… 100
　　7.3.1　波形文件的操作 ………………………………………………………… 101
　　7.3.2　测量数据文件 …………………………………………………………… 101
　　7.3.3　标准测试格式文件与 TDM ……………………………………………… 102
7.4　用数据库保存测试数据 ……………………………………………………… 103
7.5　生成测试报告 ………………………………………………………………… 103
　　7.5.1　利用 MS OFFICE 生成报告 …………………………………………… 104
　　7.5.2　HTML 格式的报告 ……………………………………………………… 105

第 8 章　仪器控制 ……………………………………………………………… 107

8.1　仪器控制概述 ………………………………………………………………… 107
　　8.1.1　仪器的驱动 ……………………………………………………………… 108
　　8.1.2　仪器驱动的类型 ………………………………………………………… 109
8.2　通信仪器软件框架 VISA ……………………………………………………… 110
　　8.2.1　GPIB 仪器的控制 ………………………………………………………… 110
　　8.2.2　RS-232 仪器的控制 ……………………………………………………… 111
8.3　仪器控制的程序设计 ………………………………………………………… 112
　　8.3.1　仪器通信的验证 ………………………………………………………… 112
　　8.3.2　仪器驱动的输入输出 …………………………………………………… 113
　　8.3.3　编写 VISA 应用 ………………………………………………………… 113
　　8.3.4　仪器数据与指令的控制技术 …………………………………………… 115

第 9 章　分布式测试系统设计 ………………………………………………… 119

9.1　工业现场总线与分布式 I/O 概述 …………………………………………… 119
　　9.1.1　工业现场总线 …………………………………………………………… 119
　　9.1.2　分布式 I/O ……………………………………………………………… 120
9.2　CAN 总线 ……………………………………………………………………… 120
　　9.2.1　CAN 的基本特点 ………………………………………………………… 121
　　9.2.2　CAN 的基本程序设计 …………………………………………………… 121

9.3 测试系统中的无线通信 …………………………………………………… 122
　　9.3.1 无线通信协议概述 ……………………………………………… 124
　　9.3.2 蓝牙协议概述 …………………………………………………… 124
　　9.3.3 Wi-Fi 协议概述 ………………………………………………… 125
　　9.3.4 ZigBee 协议概述 ………………………………………………… 126
　　9.3.5 RFID 协议概述 …………………………………………………… 126
9.4 Compact FieldPoint 采集模块 …………………………………………… 126
9.5 CompactDAQ 系统 ………………………………………………………… 127
9.6 LAN 在虚拟仪器中的应用 ………………………………………………… 128
9.7 串口在虚拟仪器中的应用 ………………………………………………… 128

第 10 章 虚拟仪器系统的应用与开发 ……………………………………………… 131

10.1 虚拟仪器系统的应用 …………………………………………………… 131
　　10.1.1 在通信领域的应用 …………………………………………… 131
　　10.1.2 在汽车领域的应用 …………………………………………… 132
　　10.1.3 在新能源领域的应用 ………………………………………… 133
　　10.1.4 在其他领域的应用 …………………………………………… 133
10.2 开发虚拟仪器系统的一般原则 ………………………………………… 134
　　10.2.1 开发步骤 ……………………………………………………… 134
　　10.2.2 UI 的设计原则 ………………………………………………… 136
10.3 应用实例 ………………………………………………………………… 138

参考文献 ………………………………………………………………………… 141

第1章 绪 论

1.1 虚拟仪器概述

虚拟仪器(Virtual Instrumentation,VI)的概念最早是美国国家仪器公司(National Instruments,后简称 NI 公司)于 1986 年提出,并在此后的 20 多年时间内始终用虚拟仪器的概念引领测试测量行业的发展趋势。虚拟仪器技术是在智能仪器技术之后发展起来的,是一种全新的图形化系统设计技术。

1.1.1 虚拟仪器的概念

虚拟仪器的特点是仪器控制面板由计算机软件界面代替,由计算机控制仪器硬件。在虚拟仪器概念提出后的 20 年间,虚拟仪器的内涵也在不断的扩充。

起初,NI 公司提出的一个口号就是"软件就是仪器"。现在来看,这个提法由于过于强调软件,因此给许多人造成了错觉,认为虚拟仪器就是软件而没有硬件。虚拟仪器的内涵从 20 世纪 80 年代的局限于仪器控制,到 20 世纪 90 年代的基于计算机的数据采集系统,发展到目前是基于图形化的系统设计技术,涵盖数据采集、仿真及原型设计等多个领域。

本书所涉及的内容主要集中于虚拟仪器的数据采集领域,但虚拟仪器的内涵不仅仅局限于此。

虚拟仪器技术利用高性能的模块化硬件,结合高效灵活的软件来完成各种测试、测量和自动化的应用。灵活高效的软件能创建完全自定义的用户界面,模块化的硬件能方便地提供全方位的系统集成,标准的软硬件平台能满足对同步和定时应用的需求。只有同时拥有高效的软件、模块化 I/O 硬件和用于集成的软硬件平台这三大组成部分,才能充分发挥虚拟仪器技术性能高、扩展性强、开发时间短以及出色的集成这四大优势。

1.1.2 虚拟仪器的优势

虚拟仪器技术就是用户自定义的基于 PC 技术的测试和测量解决方案,其四大优势在于:性能高、扩展性强、开发时间短以及出色的集成。

1. 性能高

虚拟仪器技术是在计算机技术的基础上发展起来的,所以完全"继承"了以现成即用的计算机技术为主导的最新商业技术的优点,包括功能超卓的处理器和文件管理系统,在数据高速导入磁盘的同时就能实时地进行复杂的分析。随着数据传输到硬盘驱动器的功能不断加强，以及与计算机总线的结合，高速数据记录已经可以以高达每秒 100 MB 的速度将数据导入磁盘，而且较少地依赖大容量的本地内存。图 1-1 为各代计算机性能提升对比。

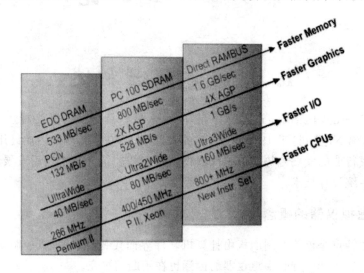

图 1-1　各代计算机性能提升对比

此外，越来越快的计算机网络使得虚拟仪器技术展现其更强大的优势，使数据分享进入了一个全新的阶段，将因特网和虚拟仪器技术相结合，就能够轻松地发布测量结果到世界的任何地方。

2. 扩展性强

虚拟仪器现有的软硬件工具使得工程师和科学家们不再圈囿于当前的技术中。得益于软件的灵活性，只需更新计算机或测量硬件，就能以最少的硬件投资和极少的、甚至无需软件上的升级即可改进整个系统。在利用最新科技的时候，可以把它们集成到现有的测量设备中，最终以较少的成本加速产品上市的时间。

3. 开发时间短

在驱动和应用两个层面上，高效的软件架构能与计算机、仪器仪表和通信方面的最新技术结合在一起。虚拟仪器这一软件架构的初衷就是为了方便用户的操作，同时还提供了灵活性和强大的功能，能实现轻松地配置、创建、发布、维护和修改，是为高性能、低成本的测量和控制提供了解决方案。

4. 无缝集成

虚拟仪器技术从本质上说是一个集成的软硬件概念。随着测试系统在功能上不断地趋于复杂，通常需要集成多个测量设备来满足完整的测试需求，而连接和集成这些不同设备总是要耗费大量的时间,不是轻易就可以完成的。

虚拟仪器的软件平台为所有的 I/O 设备提供了标准的接口,例如数据采集、机器视觉、运动控制和分布式的 I/O 等,帮助用户轻松地将多个测量设备集成到单个系统中,减少了任务的复杂性。

为了获得最高的性能、简单的开发过程和系统层面上的协调,这些不同的设备必须保持其独立性,同时还要紧密地集成在一起。虚拟仪器的发展可以快速创建测试系统,并随着要求的改变轻松地完成对系统的修改。这些都得益于这一集成式的架构所带来的好处,使测试系统更具竞争性,可以更高效地设计和测量高质量的产品,并将它们更快速地投入市场。图 1-2 为虚拟仪器系统集成示意图。

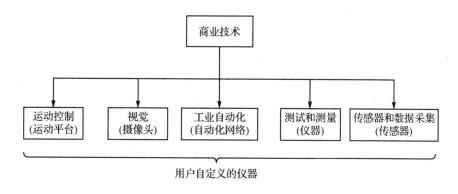

图 1-2 虚拟仪器系统集成示意图

1.1.3 虚拟仪器和传统仪器的比较

1. 灵活性

虚拟仪器概念的提出是针对于传统仪器而言的,它们之间的最大区别是虚拟仪器提供完成测量或控制任务所需的所有软件和硬件设备,而功能由用户定义。而传统仪器则功能固定且由厂商定义,把所有软件和测量电路封装在一起,利用仪器前面板为用户提供一组有限的功能。而虚拟仪器则非常灵活,使用高效且功能强大的软件来自定义采集、分析、存储、共享和显示功能。图 1-3 为传统仪器和基于软件的虚拟仪器示意图。

从图中可以看出,两者具有许多相同的结构组件,但是在体系结构和原理上完全不同。

每一个虚拟仪器系统都由两部分组成,即软件和硬件。对于当前的测量任务,虚拟仪器系统的价格可能与具有相似功能的传统仪器相差无几,也可能比它便宜很多倍。但由于虚拟仪器在测量任务需要改变时具有更大的灵活性,因而随着时间的流逝,节省的成本也不断累计。

虚拟仪器的灵活性体现在:

(1) 不同的设备实现同一应用 一个测试项目(一个直流(DC)电压和温度测量应用)根

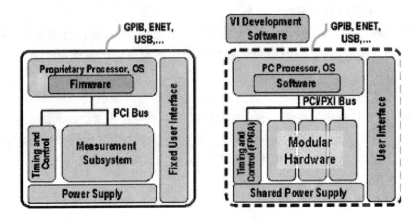

图1-3 传统仪器(左图)和基于软件的虚拟仪器(右图)

据不同的应用场合可以采用不同的设备,却可以采用相同的程序代码。若是实验室验证,就可以应用台式计算机上 PCI 总线,使用 LabVIEW 和 DAQ 设备开发应用程序。若要应用于生产线,则可以采用 PXI 系统配置应用程序。若是需要具有便携性,就可以选择 USB 总线的 DAQ 产品来完成任务。图1-4 为不同的设备共享同样的应用程序示意图。

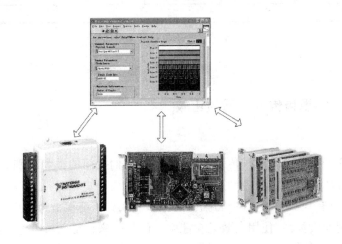

图1-4 不同的设备上共享同样的应用程序

(2) 一个设备实现不同应用 假设有两个不同的应用,一个是利用 DAQ 设备和积分编码器来测量电机位置的项目;另外一个是监视和记录这个电机的功率。即使这两个任务完全不同,也可以重复利用同一块 DAQ 设备。所需要做的就是使用虚拟仪器软件开发出新的应用程序。此外,如果需要的话,项目既可以与一个单一的应用程序结合,也可以运行在一个单一的 DAQ 设备上。图1-5 为多个应用程序重复使用同一硬件的示意图。

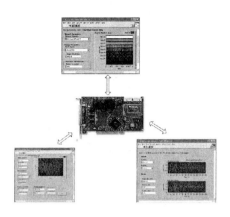

图 1-5 多个应用程序重复使用同一硬件

2. 硬件性能

虚拟仪器的重要概念就是驱使实际虚拟仪器软件和硬件设备加速的策略。虚拟仪器技术致力于适应或使用诸如 Microsoft、Intel、Analog Devices、Xilinx 以及其他公司的高投入技术。例如,使用 Microsoft 在操作系统(OS)和开发工具方面的巨大投资。在硬件方面,应用基于 Analog Devices 在 A/D 转换器和 Xilinx 公司在 FPGA 方面的投资等。

虚拟仪器系统是基于软件的,所以如果参数可以数字化的东西,就可以对其进行测量。因此,测量硬件可以通过两根坐标轴进行评估,即分辨率(位)和频率。参考图 1-6 可以看出虚拟仪器与传统仪器在硬件测量性能上的比较。虚拟仪器的目标就是使曲线在频率和分辨率上延伸并且在曲线内不断进行推陈出新。

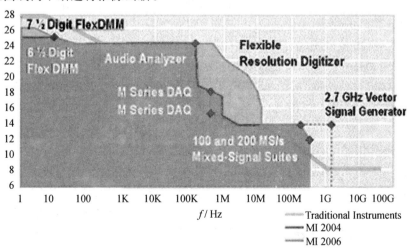

图 1-6 虚拟仪器与传统仪器硬件性能的比较

3. 兼容性

虚拟仪器和传统仪器要并存一段时间，一些测试系统必然要将两者结合使用。虚拟仪器和传统仪器之间的兼容性问题成为关注的焦点。

虚拟仪器可与传统仪器完全兼容，无一例外。虚拟仪器软件通常提供了与常用普通仪器总线（如 GPIB、串行总线和以太网）相连接的函数库。

除了提供库之外，200 多家仪器厂商也为 NI 仪器驱动库提供了 4 000 余种仪器驱动。仪器驱动提供了一套高层且可读的函数以及仪器接口，每一个仪器驱动都专为仪器某一特定的模型而设计，从而为它独特的性能提供接口。

1.1.4 虚拟仪器的分类

虚拟仪器的突出成就是不仅可以利用计算机组建成灵活的虚拟仪器，更重要的是它可以通过各种不同的接口总线，结合不同的接口硬件来组建不同规模的自动测试系统。虚拟仪器系统按硬件构成和总线方式，可以分为如下七种类型：

第一类：GPIB 总线虚拟仪器。 GPIB 总线也称 HPIB 或 IEEE488 总线，最初是由 HP 公司开发的仪器总线。该类虚拟仪器可以说是虚拟仪器早期的发展阶段，也是虚拟仪器与传统仪器结合的典型例子。它的出现使电子测量从独立的单台手工操作向大规模自动测试系统发展。典型的 GPIB 测试系统由一台计算机、一块 GPIB 接口卡和若干台 GPIB 总线仪器通过 GPIB 电缆连接而成。一块 GPIB 接口卡可连接 14 台仪器，电缆长度可达 40 m。

利用 GPIB 技术实现计算机对仪器的操作和控制，替代传统的人工操作方式，可以很方便地把多台仪器组合起来，形成自动测量系统。GPIB 测量系统的结构和命令简单，主要应用于控制高性能专用台式仪器，适合于精确度要求高的，但不要求对计算机高速传输状况时应用。此类带有 GPIB 接口的仪器，也带有 RS-232 接口，可以在传输速度要求不高的情况下，用 RS-232 接口替代 GPIB 接口完成对仪器的控制。

第二类：PC 总线——插卡型虚拟仪器。 这种方式借助于插入计算机内的板卡（数据采集卡、图像采集卡等）与专用的软件，如 LabVIEW™、LabWindows™/CVI™、或通用编程工具 Visual C++和 Visual Basic 等相结合，它可以充分利用计算机或工控机内的总线、机箱、电源及软件的便利。

但是该类虚拟仪器受普通计算机机箱结构和总线类型的限制，并且存在电源功率不足、机箱内部的噪声电平较高、插槽数目较少、插槽尺寸小以及机箱内无屏蔽等缺点。该类虚拟仪器曾有 ISA、PCI 和 PCMCIA 总线等，但目前 ISA 总线的虚拟仪器已经基本淘汰，PCMCIA 因结构连接强度太弱的限制而影响了它的工程应用，而 PCI 总线的虚拟仪器广为应用。

第三类：并行口式虚拟仪器。 该类型的虚拟仪器是一系列可连接到计算机并行口的测试装置，它们把仪器硬件集成在一个采集盒内。仪器软件装在计算机上，通常可以完成各种测量测试仪器的功能，可以组成数字存储示波器、频谱分析仪、逻缉分析仪、任意波形发生器、频率计、数字万用表、功率计、程控稳压电源、数据记录仪和数据采集器。它们的最大好处是既可以与笔记本计算机相连,方便野外作业,又可与台式计算机相连,实现便携式和台式两用,非常灵活。由于其价格低廉、用途广泛,适合于研发部门和各种教学实验室应用。

第四类:PXI 总线虚拟仪器。PXI 总线是在 PCI 总线内核技术基础上增加了成熟的技术规范和要求形成的,包括多板同步触发总线的技术,并增加了用于相邻模块的高速通信的局域总线。PXI 具有高度可扩展性,具有多个扩展槽,通过使用 PCI-PCI 桥接器,可扩展到 256 个扩展槽。对于多机箱系统,则可利用 MXI 接口进行连接,将 PCI 总线扩展到 200 m 远。而台式机 PCI 系统只有 3~4 个扩展槽,台式 PC 的性能价格比和 PCI 总线面向仪器领域的扩展优势结合起来,将形成未来的虚拟仪器平台。

第五类:VXI 总线虚拟仪器。VXI 总线是一种高速计算机 VME 总线在仪器领域的扩展,它具有稳定的电源,强有力的冷却能力和严格的 RFI/EMI 屏蔽。由于它具有标准开放、结构紧凑、数据吞吐能力强、定时和同步精确、模块可重复利用、众多仪器厂家支持的优点,很快得到广泛的应用。经过 10 多年的发展,VXI 系统的组建和使用越来越方便,尤其是在组建大、中规模自动测量系统以及对速度、精度要求高的场合,具有其他仪器无法比拟的优势。然而,组建 VXI 总线要求有机箱、零槽管理器及嵌入式控制器,造价比较高。目前这种类型的仪器市场占有率有逐步减少的趋势。

第六类:外挂型串行总线虚拟仪器。这类虚拟仪器是利用 RS-232 总线、USB 和 IEEE1394 总线等目前计算机能提供的一些标准总线,可以解决基于 PCI 总线的虚拟仪器在插拔卡时都需要打开机箱操作不方便和 PCI 插槽数量有限的问题。同时,测试信号直接进入计算机,各种现场的被测信号对计算机的安全造成很大的威胁。而且,计算机内部的强电磁干扰对被测信号也会造成很大的影响,故外挂式虚拟仪器系统成为廉价型虚拟仪器测试系统的主流。

RS-232 主要是用于前面提到过的仪器控制。目前应用较多的是近年来得到广泛支持的 USB,但是,USB 也只限于用在较简单的测试系统中。用虚拟仪器组建自动测试系统,更有前途的是采用 IEEE1394 串行总线,因为这种高速串行总线,能够以 200 Mb/s 或 400 Mb/s 的速率传输数据,显然会成为虚拟仪器发展比较有前途的总线。

这类虚拟仪器可把采集信号的硬件集成在一个采集盒里或一个探头上,软件装在计算机上。特别是由于具备传输速度快、可以热插拔、联机使用方便的特点,很有发展前途,将成为具有巨大发展前景和广泛市场的虚拟仪器的主流平台。

第七类:网络化虚拟仪器。现场总线、工业以太网和 Internet 为共享测试系统资源提供了支持。工业现场总线是一个网络通信标准,它使得不同厂家的产品通过通信总线使用共同的协议进行通信。现在,各种现场总线在不同行业均有一定应用;工业以太网也有望进入工业现场,应用前景广阔;Internet 已经深入各行各业乃至千家万户。通过 Web 浏览器可以对测试过程进行观测,可以通过 Internet 操作仪器设备,能够方便地将虚拟仪器组成计算机网络。利用网络技术将分散在不同地理位置、不同功能的测试设备联系在一起,使昂贵的硬件设备和软件在网络上得以共享,减少了设备重复投资。现在,有关 MCN(Measurement and Control Networks)方面的标准已经取得了一定进展。

以上七类虚拟仪器当中,GPIB、VXI、PXI 适合大型高精度集成测试系统;PC-DAQ、并行口式、串行口式(如 USB 式)系统适合普及型的廉价系统;现场总线系统主要用于大规模的网络测试。有时,可以根据不同需要组建不同规模的自动测试系统,也可以将上述几种方案结合起来组成混合测试系统。

1.2 虚拟仪器系统的组成

虚拟仪器系统由三大部分组成:高效的软件、模块化的硬件和用于集成的软硬件平台。

1.2.1 高效的软件开发平台

软件是虚拟仪器技术中最重要的部分。使用正确的软件工具并通过设计或调用特定的程序模块,工程师和科学家们可以高效地创建自己的应用以及友好的人机交互界面。

虚拟仪器的开发环境主要有 Visual C++,Visual Basic,以及 HP 公司的 VEE 和 NI 公司的 LabVIEW、Lab Windows/CVI 等。

1. 功能强大的 LabVIEW

NI 公司提供的测试行业标准图形化编程软件——LabVIEW,不仅能轻松方便地完成与各种软硬件的连接,更能提供强大的后续数据处理能力,设置数据处理、转换和存储的方式,并将结果显示给用户。

LabVIEW 是目前国际上唯一的基于数据流的编译型图形编程环境,它把复杂、繁琐、费时的语言编程简化为用简单的图标提示的方法选择功能(图形),并用线条把各种图形连接起来的简单图形编程方式,使得不熟悉编程的工程技术人员都可以按照测试要求和任务快速"画"出自己的程序,"画"出仪器面板,提高了工作效率,减轻了科研和工程人员的工作量。LabVIEW 是一种优秀的虚拟仪器软件开发平台。

在长达 20 年的时间里,工程师和科学家们一直都在使用 NI LabVIEW 这一强大的图形化开发环境来完成信号采集、测量分析和数据表示等各方面的任务。

2. LabVIEW 的主要特点

第一,图形化编程软件。可以使用 LabVIEW 在电脑屏幕上创建一个图形化的用户界面,即可设计出完全符合自己要求的虚拟仪器。

第二,连接功能和仪器控制。软件中集成了大量的硬件信息。LabVIEW 带有现成的函数库,可以用它集成各种独立台式仪器、DAQ 设备、运动控制和机器视觉产品、IEEE488 和串口设备和 PLC 等,从而开发出一套完整的测量和自动化解决方案。

第三，开放式环境。 第三方厂商开发了大量 LabVIEW 函数库及仪器驱动程序以帮助用户借助 LabVIEW 轻松使用他们的产品。LabVIEW 还提供与 ActiveX 软件、动态链接库(DLL)及其他开发工具的共享库之间的开放式连接。LabVIEW 同样提供了广泛的通信及数据存储方式，如 TCP/IP、OPC、SQL 数据库连接和 XML 数据存储格式。

第四，降低成本、确保投资。 只需一台安装了 LabVIEW 的计算机即可开发无数的应用程序，完成各种任务，它不仅功能齐全，还非常节省成本。用 LabVIEW 开发的虚拟仪器是很经济的，其费用远远低于购买一台传统的商用仪器。

第五，支持多平台。 可运行在 Windows 7、Vista、2000、NT、XP、Me、98、95 和嵌入式 NT 环境下，同时还支持 Mac OS、Sun Solaris 与 Linux。LabVIEW 是独立于平台的，在一个平台下编写的虚拟仪器程序(简称 VI)，能够透明地转移到其他 LabVIEW 平台。

第六，分布式开发环境。 可利用 LabVIEW 轻松开发分布式应用程序，即便是进行跨平台开发。利用简单易用的服务器工具，可以将需要密集处理的程序下载到其他机器上进行更快速处理，也可以创建远程监控应用系统。强大的服务器技术简化了大型、多主机系统的开发过程。

第七，分析功能。 在虚拟仪器系统中，将信号采集到电脑中并不意味着任务已经完成，通常还需要利用软件完成复杂的分析和信号处理工作。在 LabVIEW 中，有各种高级分析功能库，还有信号处理工具套件，声音与振动工具包和阶次分析工具包等。

第八，可视化功能。 在虚拟仪器用户界面里，LabVIEW 提供了大量内置的可视化工具用于显示数据：从图表到图形、从 2D 到 3D 显示等，应有尽有。还可以随时修改界面特征，如颜色、字体尺寸以及图表类型的修改，此外还有动态旋转和缩放等功能。除了图形化编程和方便的定义界面属性外，只需利用拖放工具，就可将物体拖放到仪器的前面板上。

3. 其他虚拟仪器平台

Visual C++ 和 Visual Basic 是通用编程平台，可以用于开发虚拟仪器，但它们对开发人员的编程能力要求很高，而且开发周期较长。

HP VEE 也是一个基于图形的虚拟仪器编程环境，也拥有较多的用户，缺点是其生成的应用程序是解释执行的，运行速度较慢。

用于传统 C 语言的 LabWindows/CVI 和针对微软 Visual Studio 的 Measurement Studio 也是比较好的虚拟仪器开发平台，为熟悉以上语言的用户提供高性能解决方案。

1.2.2 测试硬件平台

面对如今日益复杂的测试测量应用，需要一个高度集成的模块化硬件平台。无论使用 PCI、PXI、PCMCIA、USB 或者是 IEEE1394 总线，都能选到相应的模块化的硬件产品。这些产品种类从数据采集、信号调理、声音和振动测量、视觉、运动、仪器控制、分布式 I/O 到 CAN 接口等工业通信，应有尽有。高性能的硬件产品结合灵活的开发软件，可以为负责测试和设计工作的工程师们创建完全自定义的测量系统,满足各种独特的应用要求。

1.2.3 用于集成的软硬件平台

PXI平台是专为测试任务设计的硬件平台,已经成为当今测试、测量和自动化应用的标准平台。它的开放式架构、灵活性和PC技术的成本优势为测量和自动化行业带来了一场翻天覆地的改革。由NI发起的PXI系统联盟现已吸引了68家厂商,联盟属下的产品数量也已激增至近千种。

PXI作为一种专为工业数据采集与自动化应用量身定制的模块化仪器平台,内建有高端的定时和触发总线,再配以各类模块化的I/O硬件和相应的测试测量开发软件,就可以建立完全自定义的测试测量解决方案。无论是面对简单的数据采集应用,还是高端的混合信号同步采集,借助PXI高性能的硬件平台,都能应付自如。这就是虚拟仪器技术带来的无可比拟的优势。

目前,LXI(Lan eXtensions for Instrumentation)平台也吸引了众多的目光,其具有非常优良的连通性能,相信在解决了关于时间同步和网络传输延迟等问题后,也一定会有着广阔的前景。

1.3 虚拟仪器系统的应用与展望

1.3.1 虚拟仪器系统的应用现状

虚拟仪器技术已在测试和测量领域中广为应用。利用不断革新的LabVIEW等软件以及数以百计的测量硬件设备,虚拟仪器技术逐渐扩大了它所触及的应用范围。现在,虚拟仪器技术扩展到了控制和设计领域。

1. 虚拟仪器技术在测试中的应用

测试一直是虚拟仪器技术成熟应用的领域。大部分测试和测量公司都在使用虚拟仪器技术。数以万计的R&D、验证和产品测试工程师以及科学家正在使用虚拟仪器技术。

而且,现在客户对于测试的需求越来越大。随着创新的步伐越来越快,希望更多具有竞争力的新产品更快投入市场的压力也越来越大。一个能与创新保持同步的测试平台是必需的。这个平台必须包含具有足够适应能力的快速测试开发工具以在整个产品开发流程中使用。产品快速上市和高效生产的需要都要求有高吞吐量的测试技术。为了测试消费者所需求的复杂多功能产品需要精确的同步测量能力,而且随着公司不断地创新以提供有竞争力的产品,测试系统必须能够进行快速调整以满足新的测试需求。

虚拟仪器是应对这些挑战的一种革新性的解决方案。它将快速软件开发和模块化、灵活的硬件结合在一起从而创建用户自定义的测试系统。虚拟仪器提供了:

(1) 用于快速测试开发的直观的软件工具;
(2) 基于创新商用技术的快速、精确的模块化 I/O;
(3) 具有集成同步功能的基于计算机的平台,以实现高精确度和高吞吐量。

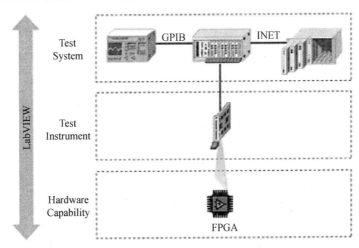

图 1-7 用户可自定义的仪器及硬件

2. 虚拟仪器技术在产品设计中的应用

在研发和设计阶段,工程师和科学家们要求快速开发和建立系统原型。利用虚拟仪器,可以快速创建程序,并对系统原型进行测量、分析结果,完成这一切只需花费传统仪器完成同样任务的一小部分时间而已。虚拟仪器技术还是一个可升级的开放式平台,能够以各种形式出现,包括台式机、嵌入式系统和分布式网络等。

研发设计阶段需要软硬件的无缝集成。不论是使用 GPIB 接口与传统仪器连接,还是直接使用数据采集板卡及信号调理硬件采集数据,虚拟仪器技术使这一切变得如此简单。通过虚拟仪器,可以使测试过程自动化,以消除人工操作引起的误差,并能确保测试结果的一贯性。

虚拟仪器系统具有内在集成属性的系统,容易扩展并且能适应不断增长的产品功能。一旦需要新的测试,工程师只需要简单地给测试平台添加新的模块就可以完成新的测试任务。虚拟仪器软件的灵活性和虚拟仪器硬件的模块化使得虚拟仪器成为缩短开发周期的必备工具。

3. 虚拟仪器技术在测试开发和验证中的应用

利用虚拟仪器的灵活性和强大功能,能轻而易举地建立复杂的测试体系。对自动化设计认证测试应用来说,工程师可在 LabVIEW 中完成测试程序开发并与 NI TestStand 等测试管理软件集成使用。这些开发工具在整个过程中提供的另一个优势是代码重复使用功能。在设计过程中开发代码,然后将它们插入到各种功能工具中进行认证、测试或生产工作。

4. 虚拟仪器技术在生产中的应用

生产应用要求软件具有可靠性、共同操作性和高性能。基于 LabVIEW 的虚拟仪器提供所有这些优势，集成了如报警管理、历史数据追踪、安全、网络、工业 I/O 和企业内部联网等功能。利用这些功能，可以轻松地将多种工业设备如 PLC 控制技术、工业网络、分布式 I/O 和插入式数据采集卡等集成在一起使用。

5. 虚拟仪器技术在工业 I/O 和控制领域的应用

计算机和 PLC 控制技术在控制和工业应用中都发挥着十分重要的作用。计算机带来了更大的软件灵活性和更高的性能，而 PLC 则提供了优良的稳定性和可靠性。但是随着控制需求越来越复杂，提高性能并同时保持稳定性和可靠性就成为公认的需要。

独立的工业专家们已经意识到了对工具的需求，这种工具应该能够满足不断增长的对更加复杂、动态、自适应和基于算法控制的需要。可编程自动控制器（PAC）正是工业所需的，结合虚拟仪器技术可以给出完美的解决方案。

PAC 定义为：多域功能（逻辑、运动、驱动和过程）——这个概念支持多种 I/O 类型。逻辑、运动和其他功能的集成是不断增长的复杂控制方法的要求。

PAC 给 PC 软件的灵活性增添了 PLC 的稳定性和可靠性。LabVIEW 软件和稳定、实时的控制硬件平台对于创建 PAC 是十分完美的。

1.3.2 虚拟仪器系统的展望

自动测试工业中，一个基本的趋势就是向基于软件的测试系统的重大转变。美国国防部（DoD）是世界上最大的自动测试设备（ATE）客户之一。为了减少测试系统的成本并提高重用率，DoD 通过海军的 NxTest 计划已经确定：将来的 ATE 要使用建立在模块化硬件和可重复配置的软件基础上的体系结构，称为合成仪器。

采用合成仪器代表了未来军用 ATE 系统标准和规范的发展方向，并且反映出可重复配置的软件将处于系统的核心地位这一基本转变。基于软件的测试系统的成功应用，例如综合性仪器，需要对硬件平台和市场上软件工具的理解，以及对系统级体系结构和仪器级体系结构之间区别的理解。

合成仪器执行团体将合成仪器定义为"一个可重复配置的系统，它通过标准化的接口连接一系列基本硬件和软件组件，从而发生信号或者使用数值处理技术进行测量"。

合成仪器与虚拟仪器的许多性质相同，虚拟仪器是"一个由软件定义的系统，其中基于用户需要的软件定义了通用测量硬件的功能"。两种定义享有共同的性质，即运行于商用硬件之上的可自定义功能的仪器。通过将测量功能转向用户可接触并可重复配置的硬件，那些采用这种体系结构的仪器从具有更大灵活性和可重复配置功能的系统中受益，而且这些系统反过来在提高了性能的同时减少了成本。

超越计算机的虚拟仪器系统：最近，商业计算机（计算机）技术开始逐渐与嵌入式系统相互融合。范例包括 Windows CE、Intel x86-处理器、PCI 和 CompactPCI 总线，及嵌入式开发环境的以太网等。虚拟仪器的低成本和高性能优势在很大程度上是建立在众多计算机商业科技基础上，因此功能可以进一步扩展，进而包括了更多嵌入式和实时功能。例如，在某些嵌入式应用中，LabVIEW 能够同时运行在 Linux 和嵌入式 ETS 实时操作系统中。无论是在台式机还是嵌入系统中，虚拟仪器都为用户提供一个可升级的架构选项，因此用户可将虚拟仪器作为一整套嵌入式系统开发工具中的一部分。

网络和 Web 的应用深刻地影响了嵌入式系统的开发。由于计算机的普遍使用，以太网已经成为全球企业的标准内部网络设施。此外，PC 世界里 Web 界面的普及也已经延伸到移动电话、PDA（个人电子助理）和工业数据采集和控制系统中。

从前，嵌入式系统专指独立操作的，或最多是利用实时总线与外围设备进行底层通信的系统。现在随着企业和消费产品各个阶层需求的不断增长，嵌入式系统需要网络化以便能够保证可靠和持续的实时操作。

因为虚拟仪器软件能够利用跨平台编译技术，将台式和实时系统结合在同一开发环境中，因此可以利用台式机的内置 Web 服务器和简单易用的网络功能先在台式机上进行开发，然后再转移到实时和嵌入式系统中。例如：可以利用 LabVIEW 来简化内置 Web 服务器的配置，将某个应用程序界面输入到一台在 Windows 网络中经过预先加密的机器上；然后再将程序代码下载到最终用户手中的嵌入式系统中。完成这一任务不需要在嵌入式系统上进行额外的程序开发。然后，可以对该嵌入式系统进行设置、启动，再通过以太网将其连接到远程加密主机上，同时还可以用标准 Web 浏览器作为交流界面。如果需要更加复杂的网络应用，可以利用熟悉的 LabVIEW 图形化开发环境，对 TCP/IP 或其他协议进行编程，然后再将其在嵌入式系统中运行。

嵌入式系统开发是当前细分工程项目中发展最快的部分之一，而且在不久的将来，随着消费者对智能型汽车、电器、住宅等消费品要求的增加，它仍然会保持迅猛的发展势头。这些商业技术的发展也将促进虚拟仪器的实用性，使其能应用到越来越多不同的领域中。提供虚拟仪器软件和硬件工具的领导厂商需要在专业技术和产品开发上投资，以便更好地为这些应用服务。

下一代虚拟仪器工具需要能够快速方便地集成蓝牙（Bluetooth）、无线以太网和其他标准融合的网络技术。除了使用这些技术外，虚拟仪器软件还需要能更好地描述与设计分布式系统之间的定时和同步关系，以便帮助用户更快速地开发和控制这些常见的嵌入式系统。

清楚了解虚拟仪器概念，包括集成式软件和硬件、灵活的模块化工具及所融合的商业技术，就能迅速完成系统开发并长期使用。虚拟仪器为嵌入式开发也提供了如此多的选择和功能，因此它值得嵌入式系统的开发人员花些时间来了解并掌握。

第 2 章　虚拟仪器系统设计基础

这一章将要介绍一些在使用 DAQ(数据采集)设备和仪器构建虚拟仪器系统过程中必要的基本知识和概念。这些知识包括被测信号源、信号调理、测试系统构建以及抗干扰的相关内容。

2.1　被测信号

信号采集是将物理现象转换为计算机可以识别的数据过程。一个完整的测量过程是从使用传感器(有时也可称为换能器或变送器)将物理信号转换为电信号开始的。图 2-1 为一个典型的测量过程示意图。

图 2-1　一个典型的测量过程

传感器,即 Sensor。国家标准 GB7665-87 对传感器的定义是:"能感受规定的被测量并按照一定的规律转换成可用信号的器件或装置,通常由敏感元件和转换元件组成"。作为一种检测装置,传感器能感受到被测量的信息,并能将其检测出来,按一定规律变换成为电信号或其他所需形式的信号并输出,从而满足信息的传输、存储、显示、记录和控制要求。

换能器(Transducer),是传感器的重要组成部分,完成将非电信号或能量转化为电信号或能量的功能,故有时也会把传感器称为换能器。

2.1.1　物理现象与传感器

传感器能够把温度、力、声音和光等物理量转换为可以测量的电信号。表 2-1 列出了一些常见的传感器。

表 2-1 被测物理量与相应传感器

物理量	传感器	
温度	热电偶 热敏电阻	RTDs(电阻温度探测器) 集成电路传感器
光	真空管感光器	光电导电池
声音	(电容式,动圈式,履带式)送话器	
压力	应变片,称重传感器	压电传感器
位移	电位计,光位移传感器	线性电压差动变压器(LVΔT)
流量	前端计量器,循环式流量计	超声波式流量计
pH值	pH电极	

2.1.2 被测信号的类型

被测信号包括模拟信号与数字信号两种类型,两者的主要区别是模拟信号随着时间的改变而连续改变,而数字信号或二进制信号仅有两个可能的不同电平——高电平(ON)或低电平(OFF)。图 2-2 列举了主要的信号类型。

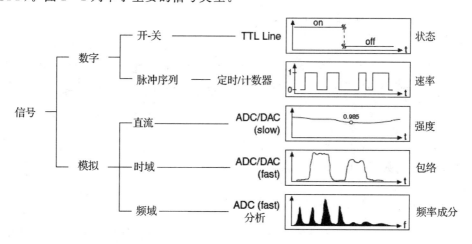

图 2-2 信号的类型

2.1.3 模拟输入的类型

模拟输入采集使用共地和浮地两种信号源。

共地信号源是将电压信号连接到系统地的信号源,如连接到大地或建筑物的接地端等,如图 2-3 所示。由于此类信号源使用系统地,所以它们与测量设备共地。最常见的共地信号源是通过连接墙壁的电源插座连接到大地上,如信号发生器和电源等。

注意:两个相互独立的共地信号源的接地端并不一定是同一电位。连接到同一建筑物地的地端电位差通常在 10~20 mV 之间。如果电源分配电路没有连接适当,那么这个电位差会更大,这样就造成了地环流现象。

在浮地信号源中,电压信号没有和任何共地端相连接,如大地或建筑物地,如图 2-4 所示。一些常见的浮地信号源有:电池组、热电偶、转换器和隔离放大器等。注意到图 2-4 中没有任何信号终端与图 2-3 一样是和地相连接的,其每一个终端都是和系统地相独立的。

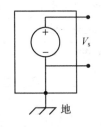
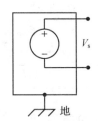

图 2-3 共地信号源　　　　图 2-4 浮地信号源

2.1.4 数字 I/O

数字信号的一个典型例子就是 TTL 信号,如图 2-5 所示。

TTL 信号有下面几个特点:

(1) 0~0.8 V 为逻辑低电平;

(2) 2~5 V 为逻辑高电平;

(3) 最大上升/下降时间为 50 ns。

采用数据采集设备读取数字信号时,要明确数字线和数字端口的概念。

数字线和端口是数字 I/O(即数字输入输出)系统的重要部分。

线是一个独立的信号并且连接一个物理终端,线承载的数据叫位,它们是二进制值即 1 或 0,线和位这两个术语是可以相互替换的。

图 2-5 TTL 信号

端口是数字线的一个集合。通常,线组成八位端口,即一个端口具有八条线。大多数的 DAQ 设备都有一个八位端口。端口宽度与端口中的线数目有关。例如,如果一个端口具有八根线,则这个端口的宽度为八。

在采用数字端口进行数据通信时,还要注意握手功能。握手可以实现通过信号交换与外部设备进行通信的过程,以便按需要传送所要求的每一个数据。

注意:并不是所有的设备都支持握手,需参考设备说明书以确定其是否支持。

2.2 信号调理

信号调理(Signal Conditioning)是通过控制信号来提高测量精度、实现隔离、进行滤波以及线性化的过程。通过信号调理可以使 DAQ 系统的性能及可靠性得到极大的改善,这对于 DAQ 和控制系统是非常重要的。

为了测量来自传感器的信号,必须把这些信号转换成 DAQ 设备可以接收的数据。例如,大多数热电偶的输出电压是非常微弱的,同时也容易被噪声所污染,所以在对这些信号进行数字化读入计算机前就需要进行放大,这种放大就是诸多信号调理类型中的一种。

信号调理的重要性就在于其能够在信号/传感器、DAQ 板卡和计算机之间提供接口,达到在一个系统中实现正确测量信号的目的。

2.2.1 信号调理的类型

图 2-6 列出了一些常见类型的传感器和信号以及每一种类型所要求的信号调理。通常的信号调理类型包括:放大、线性化、传感器激励、滤波、多路转换、同步采样/保持和隔离等。

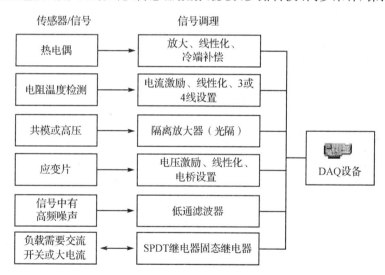

图 2-6 常见类型的传感器和信号及其信号调理

在系统中加入前端信号调理技术,能够实现:
(1) 即使在一个系统中也可以进行大量信号和传感器的测量;
(2) 通过信号隔离增加对系统的保护;
(3) 扩展系统中通道的数量;

(4) 构建带有多种信号类型的多通道数据采集系统;
(5) 放大、滤波和同步采样改善测量系统的性能;
(6) 通过开关和数字 I/O 接口控制外部设备和传送信号。

1. 放 大

放大是最为常用的信号调理手段(见图 2-7)。放大的目的是在模拟电信号未被噪声严重污染和进行数字化之前对其进行放大,以消除噪声的影响,提高测量的准确性。放大的过程可以在 DAQ 设备内部进行,也可以在外部设备如 SCXI(Signal Conditioning eXtension for Instruments,高性能的信号调理平台)模块内进行,依据的基本原则是放大要尽量靠近信号源,以提高 SNR(信噪比)。为了最大程度的提高测量精度,应该把信号放大到接近 ADC 的最大输入范围的程度。

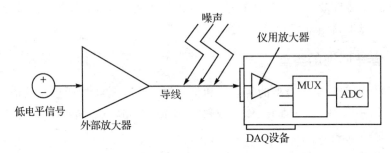

图 2-7 放大信号接近信号源以提高 SNR

如果选择在 DAQ 设备内部的仪用放大器内进行放大,则会把传输过程中混入的噪声一起放大,导致 SNR 降低。然而,如果选择在靠近信号源的 SCXI 模块中进行放大,则噪声对信号的影响就会大大减小,经过 A/D 转换后的信号就更接近原始的微弱信号。

抑制噪声可以采用如下方法:
(1) 使用屏蔽电缆或双绞线;
(2) 减少传输线的长度;
(3) 使信号线远离交流电源线和显示设备,避免 50 Hz 的工频噪声。

2. 线性化

大多数传感器,如热电偶,对于要测量的物理现象变化的响应都是非线性的。使用 LabVIEW 和 MAX(Measurement Automation eXplorer)中的 VI 和相关设置可以对来自传感器的电压信号进行线性化,并建立测量电压与测量的物理现象变化的关系,其提供的相应转换函数,可以完成电压与应变片、RTDs、热电偶以及热电阻等传感器输出信号之间的线性化转换。

3. 传感器的激励

一些传感器的正常工作必须得到外部的激励,如应变片与 RTDs 分别需要外部的电压和电流来激励其内部电路实现对外部压力和温度的测量,这种传感器与激励的关系与电视机需要电源才能接收电视信号的道理相同。而通过信号调理系统便可以为这些传感器提供电源激励。

4. 隔　离

考虑到计算机系统的安全,有时还需要对输入的传感信号进行隔离。因为这些需要测量的信号内部可能夹带着高压尖脉冲,对计算机和操作者都可能造成伤害。因此,在没有进行任何形式隔离的情况下,一定不要把这类信号直接连接到 DAQ 设备上。

同时使用隔离还能够有效地防止接地电位的不同对测量结果的影响。当信号地与 DAQ 设备地具有不同的电位时,就会产生一个地环流,地环流的存在会影响信号测量的精度。当信号与 DAQ 设备之间的电位差比较大时,就会损坏测量系统。使用信号调理模块可以抑制地环流,并保证信号的精确测量。

2.2.2　信号调理的五个关键问题

1. 信号类型的范围

选择一个可以支持多种信号类型的信号调理硬件对于保护 DAQ 系统来说是非常关键的。另外,将多种测量同时包含在一个单一的 DAQ 系统中可以极大地减少开发时间。因此,应该集中在如何进行测试而不是如何进行硬件配置。例如:设计一个汽车发动机,在投入使用前,为了准确描述其参数,必须经过大量的测试,测量各种各样的信号,包括温度、电压、振动、频率和扭矩等,而每一种信号的测量都需要不同的调理方法。

一般来说,针对上面的情况,需要给每个测量类型配置独立的设备。而通过使用现有的高性能信号调理硬件,如 SCXI 和 SCC(Signal Conditioning Components,一种便携式低价格信号调理组件),可以很容易地把各种测量包含到一个单一的、坚固的机箱中,并且使用单一的软件接口,对其进行配置。这样就大大缩减了开发时间和费用。

2. 信号的连接

由于现有的传感器连接器样式繁多,这就要求信号调理硬件不仅能够提供各种普通的连接选择,而且能够提供一些特殊的选择,这是非常重要的。无论使用 D-Sub 接口的应变片还是使用 BNC 接口的加速计,信号调理平台应该能够非常简单地连接上所有的传感器,简化系统的组成。一些信号调理硬件,如 SCC 就可以很容易地把传感器的输出信号直接连接到通道上。

3. 系统的可扩展性

当应用需要改进,测量需求发生改变时,拥有一个具有扩展性和改变应用程序柔性的 DAQ 系统是非常重要的。扩展 DAQ 系统时不需要更换信号调理平台,只需增加标准化(SCXI 或 SCC 等)的其他信号调理硬件,便可以很快地增加系统中信号的数量和种类。这样既保护了 DAQ 系统的投资,也可以在极短的时间内扩展通道数量,极大地减少了更新和调试系统所需要的时间。这种可扩展性削减了开发者在 DAQ 系统上的总开支。

4. 形式因素

大小和环境的限制是决定实际应用中大部分常用信号调理硬件形式的主要因素。因为空间在大多数实验室和测试平台中是非常宝贵的，所以应该在尽量少的空间中组建包含尽量多的通道的 DAQ 系统。

拥有高通道密度的信号调理，如 SCXI，在减少每条通道投资的同时，使 DAQ 系统需要的空间最小。在可移动的应用中，信号调理硬件必须简单且重量轻，还要提供高性能。例如 SCC 信号调理可以快速连接到 DAQ 设备且易于方便的放在笔记本电脑下边。另外，在恶劣的工业环境中，需要信号调理具有坚固的封装，如 FieldPoint（一种现场采集平台）和 SCXI。为了在极端的环境中有效的工作，FieldPoint 和 SCXI 这类硬件能够承受一个很宽的工作温度范围(FieldPoint 为一个(-40~70)℃)以及严重的冲击和振动。

5. 集成性

为了实现 DAQ 系统的全部生产潜力和价值，必须要将各部分元件无缝连接。特别地，信号调理硬件必须将复杂的信号类型包含到单一的系统中，并能快速简单地连接到 DAQ 装置上。依靠这些性能，可以极大地减少安装时间。另外，通过选择与 DAQ 系统装置无缝连接的信号调理硬件，可以轻松地通过升级 DAQ 装置来升级整个 DAQ 系统的速度和频率。这样，集成的信号调理硬件能够缩减现在和未来系统开发的成本。

硬件整合是非常严格的，同时再使用一些易用的软件工具，就能完全发挥出硬件的最大效力。特别是把驱动软件与程序开发环境进行有效的整合，可提供一个统一的界面，例如 NI-DAQ 和 MAX 与 LabVIEW。NI-DAQ 驱动软件靠 LabVIEW 整合，因此可以方便地配置和检测到测量装置并快速将它们包含到 DAQ 系统应用中。考虑到应用开发是整个 DAQ 系统价值的主要部分时，将驱动软件与程序开发环境的紧密整合就更加重要。

总之，信号调理影响测量能力，并且其对于任何一个完整的 DAQ 系统来说都是关键部分。另外，精确测量装置也需要信号调理。表 2-2 列举了 SCXI 前端信号调理的关键技术。

表 2-2 SCXI 前端信号调理的关键技术

模块化	以模块为基础单位，选择需要的模拟、数字和开关调理模块
广泛的调理功能	可对大量传感器、高低压、电流、频率信号、数字 I/O、开关、滤波或同步采样的信号进行调理
可编程性	为满足当前和以后应用程序的要求，可将 SCXI 系统最多扩展到 3 072 个通道
可连接性	可以和 BNC、热电偶、SMA 或 SMB 接口直接相连。还可以选用多种接线端子，简化模块的拆装，无需复杂的信号重接工作

续表 2-2

系统保护	内装绝缘 I/O 模块可以保护系统避免因不当接线、接地回路、突发错误和较大的瞬时信号造成的破坏
配置简易性	出色的软件特性,如模块自动探测、内置指定通道的测量、可编程通道设置和信号检测通道等简化系统的安装和配置
高速	拥有 SCXI 高速总线,可以获得 333 kS/s 的模拟信号采样率。这在高速、多通道应用程序中是关键技术
硬件集成	将模拟输入/输出、数字 I/O 和开关技术结合在一个统一标准的平台下
软件集成	可采用与 DAQ 设备和仪器一样的软件工具,对基于 SCXI 的系统进行配置、开发和检测
坚固设计	每个 SCXI 模块均独立绝缘,并安装在坚固的 SCXI 机箱中,以维护信号的完整性
开放式系统	支持第三方厂商供应的 SCXI 模块或运用模块开发工具自行建立的信号调理部分

2.3 测试系统的基本概念

建立在所使用的硬件和所要进行的测量类型基础上,可以对测量系统进行设置。DAQ 卡是最常见的一种测量硬件,对其应有充分的了解。

DAQ 卡的种类很多,如图 2-8 所示,有 PCI、PXI 及 PCMCIA 等不同总线类型。采用 DAQ 卡测量模拟信号时,在选择过程中还必须考虑下列因素:输入模式、分辨率、输入范围、采样速率、精度和噪声等。

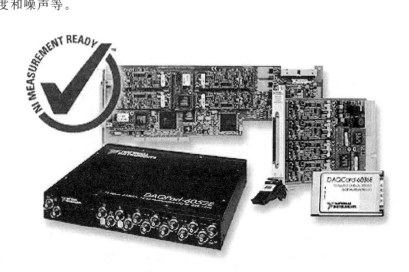

图 2-8 不同类型的数据采集卡

1. 输入模式

输入模式分为单端输入与差分输入。单端输入以一个共同接地点为参考点,这种方式适用于输入信号为高电平(大于 1 V),信号源与采集端之间的距离较短(小于 15 ft,约 4.5 m),并且所有输入信号有一个公共接地端的系统。如果不能满足上述条件,则需要使用差分输入。

差分输入方式下,每个输入可以有不同的接地参考点。并且,由于消除了共模噪声的误差,所以差分输入的精度较高。因此,推荐使用该模式。

2. 输入范围(量程)

输入范围是指 ADC 能够量化处理的最大、最小输入电压值。DAQ 卡提供了可选择的输入范围,它与分辨率和增益等配合,以获得最佳的测量精度。

3. 分辨率

分辨率是指 ADC 所使用的数字位数。分辨率越高,输入信号的细分程度就越高,能够识别的信号变化量就越小。一个 8 位的 DAQ 卡内部 A/D 的输入范围细分为 2^8 即 256 份。二进制数从 00000000 到 11111111 分别代表每一份。此时转换来的数字信号有可能不能够很好地表示原始信号,因为分辨率不够高,许多变化在 A/D 转换过程中丢失了。然而,如果把分辨率增加为 16 位,A/D 转换的细分数值就可以从 2^8 增加到 2^{16} 即 65 536,这就可以相当准确地表示原始信号了。

4. 增益

增益表示输入信号被处理前放大或缩小的倍数。给信号设置一个增益值,就可以使信号尽量的充满输入范围(量程),使 ADC 能将输入信号尽量地细分。例如,当使用一个 3 位 ADC 时,输入范围为 0~10 V。假设当增益=1 时,在输入信号在 0~5 V 范围内时,输入信号只能细分成 4 份;若调整增益=2 时,输入信号就被放大到 0~10 V,就可以细分成 8 份,这样精度大大地提高了。但是必须注意,此时要避免放大后出现输入信号超量程的情况发生。

总之,输入范围、分辨率以及增益决定了输入信号可识别的最小模拟变化量。此最小模拟变化量对应于数字量的最小位上的 0,1 变化,通常称为转换宽度(Code width),其计算方法为:输入范围/(增益 * $2^{分辨率}$)。

例如,一个 12 位的 DAQ 卡,输入范围为 0~10 V,增益为 1,则可检测到 2.4 mV 的电压变化。而当输入范围为 -10~10 V(20 V),可检测的电压变化量则为 4.8 mV。

5. 采样率

采样率取决于 ADC 的转换速率。采样率越高,则在一定时间内采样点越多,对信号的数字表达就越精确。采样率必须保证一定的数值,如果太低,则精确度就很差。

采样频率不够引起波形畸变。根据奈奎斯特采样理论,采样频率必须是信号最高频率的两倍。例如,音频信号的频率可达到 20 kHz,因此其采样频率一般需要 40 kHz。实际应用中,为了精确测量信号,还原信号波形,采样频率应该为信号最高频率的 5~10 倍。

6. 噪声抑制

平均化是抑制噪声常用且有效的方法。噪声源于计算机外部或者内部，会引起输入信号畸变，要抑制外部噪声误差，应该使用适当的信号调理电路，同时增加采样信号点数，再取这些信号的平均值以抑制噪声误差。例如，如果以 100 个点来平均，则噪声误差将减小 1/10。

2.3.1 信号源与测量系统

1. 差动测量系统

差动测量系统与浮地信号源相类似，因为这些测量是与不同于系统地的浮地类似的。差动测量系统的输入并没有固定的参考点（如大地或建筑物地）。手持仪器、电池驱动的仪器和带有放大器的 DAQ 设备都是采用了差动测量系统。如图 2-9 所示，是一个使用了 8 通道差动测量系统的典型 NI 数据采集设备。当只有一个测量放大器存在时，通过在信号通道上的模拟多路开关（MUX），可以增加测量通道的数目。

图 2-9 中的 AIGND（模拟输入接地）指的是测量系统地。

理想的差动测量系统仅仅在正输入和负输入两个终端之间有电位差时才起作用。共模电压信号就是所测量的与测量仪器相关联的任何电压信号。理想的共模测量系统能完全抑制或不能测量共模电压信号。抑制共模电压信号是很有意义的，因为噪声在电路中（这些电路组成了测量系统中的传输系统）通常作为共模电压信号被引入。然而，共模信号浮地和共模抑制比的存在，则限制了差动测量系统抑制共模信号的精确性。

（1）共模电压信号 共模电压信号范围限制了与测量系统地相连接的每个电压的允许范围。这样不仅导致了测量错误并且还可能对设备部件造成损害。输入端两信号的算术平均值称为共模信号，共模电压的定义如下：

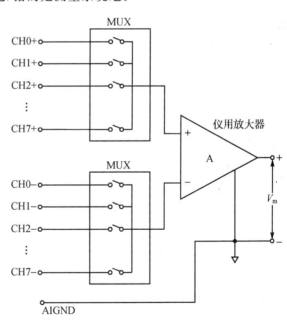

图 2-9 差动测量系统

$$V_{cm} = \frac{V_+ + V_-}{2}$$

式中：V_+ 表示与系统相连接的测量系统的同向端电压，V_- 表示与系统相连接的测量系统的反向端电压。

(2) 共模抑制比(CMRR)　CMRR用来测量差动测量系统抑制共模电压信号的能力，CMRR是频率的函数，并且随着频率的减小而减小。CMRR越高，放大器从带有共模噪声的信号中提取的差动信号越好。使用平衡电路可以提高CMRR。大部分的DAQ设备都规定了CMRR的电源频率(50 Hz)。下式用分贝定义了CMRR，即

$$\mathrm{CMRR(dB)} = 20\log\left(\frac{差动增益}{共模增益}\right)$$

图2-10展示了用分贝测量CMRR的一个简单电路，CMRR测量计算公式如下：

$$\mathrm{CMRR(dB)} = 20\log\frac{V_{cm}}{V_{out}}$$

2. 参考和非参考单端测量系统

因为参考和非参考单端测量系统测量时接地，故它与共地信号源类似。参考单端测量系统测量共地电压信号时，直接与测量系统地相接，如图2-11所示。

DAQ设备通常采用非参考单端测量技术(简称NRSE)，或者与参考单端测量系统有差别的伪差分测量技术，图2-12是一个非参考单端测量(NRSE)系统。

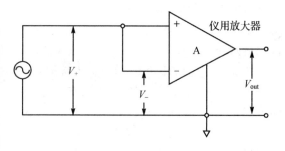

图2-10　CMRR示意图

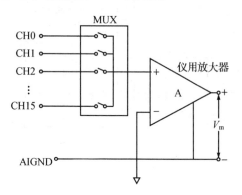

图2-11　参考单端测量系统

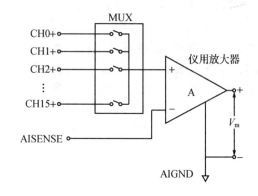

图2-12　非参考单端测量系统

在一个NRSE测量系统中，所有的测量都与AISENSE相接，但是这一节点的电位与AIGND的电位是不同的。单通道的NRSE测量系统与单通道的差动测量系统是相同的。

3. 信号源与测量系统小结

图2-13总结了信号源与测量系统连接的几种方法，供大家参阅。

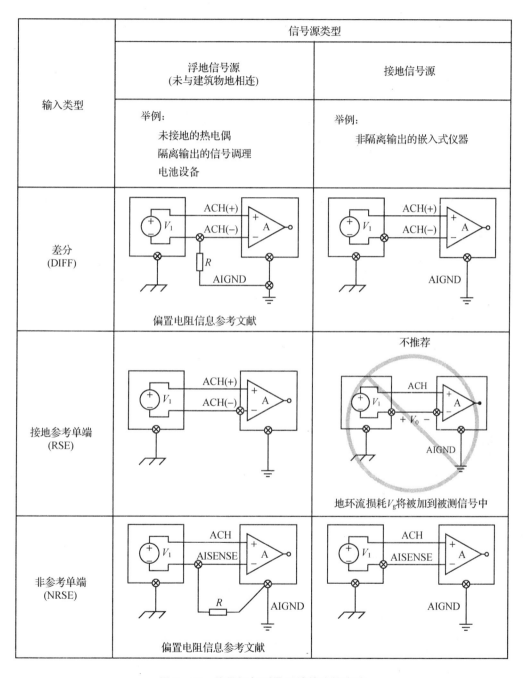

图 2-13 信号源与测量系统的连接方法

2.3.2 硬件与软件定时

使用硬件定时与软件定时可以控制采集或产生信号的时间。当使用硬件定时时,设备上的时钟可以控制速率。当使用软件定时时,软件(而不是测量设备)可以确定采集或产生信号的速率。两者相比,可知,与软件循环相比硬件时钟更快。

注意:一些设备不支持硬件定时,需查询该设备文件以确定该设备是否支持硬件定时。

2.3.3 采样速率与混叠

影响测量系统的模拟输入和输出最重要因素之一是测量设备对输入信号和产生输出信号的采样速率。在 NI-DAQmx 中,扫描速率或采集速率决定了 A/D、D/A 转换的频率。快速的输入采样速率能够在一定的时间内采集更多的点,并且能够比慢速采样更好地表示原信号。

采样速率太慢会导致信号混叠,混叠是对模拟信号的一种错误表现。低速率采样会导致信号似乎以不同的速率出现。为了避免信号混叠,应当以高于信号频率的速率重复采样几次。

对于频率测量,根据奈奎斯特定律,为了更精确地表现信号,应当以所采集的信号中最大频率的两倍以上的速率采集信号。对于一个给定的采样速率,奈奎斯特频率是指在不产生混叠的情况下能表示的最大频率,所以采样速率应当是奈奎斯特频率的两倍。大于奈奎斯特频率的信号部分会在直流信号和奈奎斯特频率信号之间出现混叠情况。信号混叠的频率是输入信号频率与采样速率整数倍之差的绝对值。例如,假设采样频率为 100 Hz,则输入信号分别为 25 Hz、70 Hz、160 Hz 和 510 Hz,如图 2-14 所示。

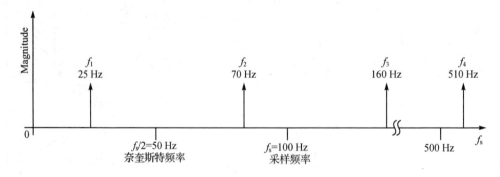

图 2-14 未发生混叠的情况

从图中可知,在奈奎斯特频率($f_s/2=50$ Hz)以下的频率是采样的准确频率,如图 2-15 所示。在奈奎斯特频率以上的频率可能会出现混叠情况。例如,f_1(25 Hz)为准确值,但 f_2(70 Hz)、f_3(160 Hz)、f_4(510Hz)已分别在 30 Hz、40 Hz 和 10 Hz 处混叠。

用下列等式计算混叠频率:

混叠频率 f 为整数倍采样速率减去输入信号的频率。

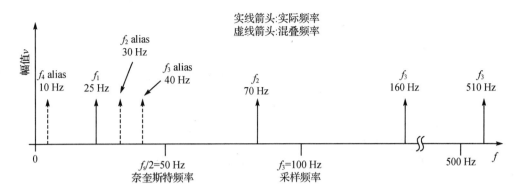

图 2-15　发生混叠的情况

其中，ABS 表示绝对值，则混叠频率为

$$f_2 = |100-70| \text{Hz} = 30 \text{Hz}$$
$$f_3 = |2 \times 100 - 160| \text{Hz} = 40 \text{Hz}$$
$$f_4 = |5 \times 100 - 510| \text{Hz} = 10 \text{Hz}$$

采样速率的决定因素：有时可能想要在测量设备上用最大速率采样，但如果采样速率太快以至于超过信号周期，则可能得不到充分的存储区或硬盘空间以保持数据。图 2-16 显示了各种采样速率的效果。

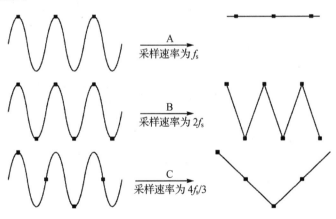

图 2-16　各种采样速率的影响

例如图内 A 以同样的速率 f_s 采集频率为 f 的正弦波，这个采样导致了以直流形式出现的失真。但若增加到 $2f_s$，跟原始数字波形一样有了固定的频率或相同的周期，但显示为三角波如例如图内 B。由此可知，增加采样速率至大于 f_s，则能更准确地产生波形。在例如图 C 中，其采样速率是 $\frac{4}{3}f_s$，在这种情况下奈奎斯特频率小于 f_s，这个速率会产生一个频率和形状均不准确的失真波形图。

2.3.4 触 发

触发是当某种条件成立而促使一个动作发生（如开始采集数据动作）。如果想要设定测量在某个固定的时间开始，可以使用触发去实现。例如，假定想要测试电路板对脉冲输入的反应，可以使这个脉冲输入作为一个触发去控制测量设备开始采集样本。如果不使用触发，那么就应当在测试之前开始采集数据。

设置一个触发时应当确定两个方面：需要触发完成什么样的运动和怎样产生触发。

如果需要触发以实现开始测量，应使用开始触发；如果需要在触发发生之前采集数据，则应使用参考触发（也称为停止触发），在触发点前后获取信号样本，这些触发点是在样本中的参考位置。

如果需要额外指定想要触发实现的运动，就需要确定触发的来源。如果需要触发一个模拟信号，则应使用模拟边沿触发或模拟窗口触发；如果触发信号是数字型的，则可以使用带有PFI针的数字边沿触发作为触发源。

1. 模拟边沿触发

当模拟信号遇到具体指定的一种情况如信号电平或斜率的上升或下降沿时，模拟边沿触发便产生了。当测量设备识别到这个触发情况时，便执行与触发相联系的运动，如开始测量或触发发生时采集样本的标志。如图2-17所示，对于一个上升边沿信号，当信号到达3.2时触发捕获到数据。

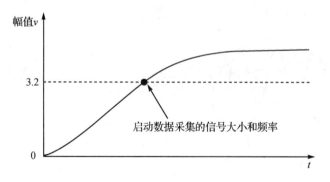

图2-17 模拟边沿触发举例

2. 模拟窗口触发

当一个模拟信号进入或离开一个差动电平为2 V的窗口时，一个模拟窗口触发便产生了。通过设置窗口的最大值和最小值指定触发电平。

图2-18为当信号进入窗口时触发采集数据。

图2-19为当信号离开窗口时触发采集数据。

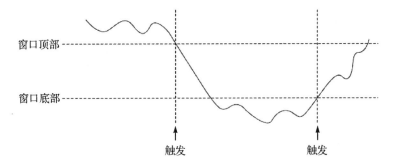

图 2-18　信号进入模拟窗口触发举例

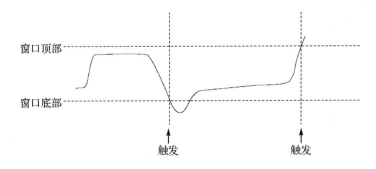

图 2-19　信号离开模拟窗口触发举例

3. 数字边沿触发

一个数字边沿触发通常是一个 TTL 信号,它有 2 个离散的电平,即高电平和低电平。当信号从高电平向低电平变化时,一个数字信号便产生一个下降沿;而当信号从低电平向高电平传送时便产生一个上升沿,在数字信号上升或下降的基础上便可以产生开始触发或参考触发。图 2-20 所示为从数字触发信号处于下降沿时开始采集的。也可以借助于 NI 测量设备把一个数字触发信号连接到 PFI 端上。

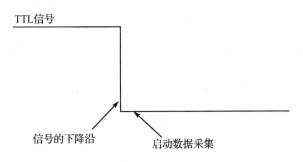

图 2-20　数字触发

2.3.5 信号分析

信号分析是把一个采集到的信号转化成关于这个信号的准确信息、滤波,并用一个更容易理解的形式描述原始波的过程。

滤波和加窗是两种常用的信号分析技术。关于信号分析可以到 LabVIEW 分析概念手册中获得更多信息。

1. 滤波

滤波是用于信号处理最常见的技术之一。信号调理系统可以滤除所测到的不需要的信号或混入信号的噪声。使用一个对低速率或缓慢变化的信号(如温度)起作用的噪声过滤器可以清除降低信号精度的高频信号。滤波器最一般的用途是清除 50 Hz 或 60 Hz 交流信号的噪声。低通滤波器可以清除在截止频率以上的所有频率信号部分。许多信号调理模块都有低通滤波器,它有从 10~25 Hz 的软件设置截止频率。

2. 加窗处理

使用开窗技术或平滑窗口技术,可以使与波形缩短相关的频谱泄漏降低到最少。

3. 加窗处理中的频谱泄漏

频谱泄漏是一种测量频谱能量出现从一个频率到其他频率泄漏的现象。当采集到的信号在采集时间内不是完整的循环周期时,泄漏便出现了。用来减少频谱泄漏的技术借助窗口函数可以增加时域波形。

DFT(离散傅里叶变换)和 FFT(快速傅里叶变换)是把给定的信号分解成一些正弦或余弦的数学方法,它是频谱分析的基础。当采集一个非整数的周期,例如 7.5 个周期时用 DFT/FFT 可以返回一个频谱,在这个频谱里一个频率的能量似乎泄漏到其他所有频率中,因为 FFT 假定这个数据是一个周期性重复信号的单个周期。

这些人为的不连续性有着很高的频率以至于它没有出现在原始信号中。因为这些频率高于奈奎斯特频率,所以它们在 $0 \sim f_s/2$ 间混叠。

窗口的使用类型决定于所采集的信号类型及用途,选用正确的窗口需要一些正在分析的信号信息。

表 2-3 列出了常见窗口函数的类型,适合该窗函数处理的信号类型及应用领域举例。

表 2-3 常见的窗口函数类型

窗函数	信号类型及描述	应用
矩形窗 (Rectangular)	用于对小于窗长度的瞬态信号进行加窗;通过矩形窗把信号截取一段使其变成时间有限的信号	阶次跟踪;对激励是伪随机信号的系统进行分析(频率响应分析);区分两个频率点非常相近且幅度相同的信号

续表 2-3

窗函数	信号类型及描述	应用
三角窗 （Triangle）	窗的形状为三角形	一般用途
海宁窗 （Hanning）	用于对大于窗的长度的瞬态信号进行加窗	一般用途。对激励是随机信号的系统进行分析（频率响应分析）
汉明窗 （Hamming）	用于对大于窗的长度的瞬态信号进行加窗；是改进的海宁窗，窗函数的两个端点是不连续的	通常用于语音信号的处理
布莱克曼窗 （Blackman）	对大于窗的长度的瞬态信号进行加窗；比海宁窗或汉明窗多了一个余弦项，能够减少滤波器的波纹	一般用途
平顶窗 （Flat Top）	在所有窗中，其幅值识别精度最高，但频率分辨率差	用于测量某个频率点的精确幅度，且这个频率没有相邻的频率成分

2.3.6 设备校准

设备校准包括核实测量设备的准确性和调整测量中的误差。其中，核实内容包括测量设备的工作情况并把这些测量结果与原厂说明进行对比。进行校准时，应提供外部设备标准并标明电平，并且校正设备的校准常数。设备把新的校准常数存储在 EEPROM（电可擦写可编程只读存储器）里，并把来自存储库中的校准常数作为被需要的标准去校正设备进行测量时出现的误差。校准包括两种形式：外部校准和内部校准，其中内部校准也称为自主校准。

1. 外部校准

由上级度量实验室标准给定的外部校准，要求使用高精度的电压源去核对并校正校准常数。这个程序描述了在 EEPROM 中的所有校准常数并且与原厂校准是等价的。由于外部校准程序改变了所有的 EEPROM 常数，所以使最初的 NIST（一个美国政府协助制定标准的组织）起源证明无效。如果一个外部校准是由公认的 NIST 电压源执行的，那么一个新的 NIST 证明就会被更新。

2. 内部校准

内部校准，也叫自主校准，可以用一个软件控制并且要求不与外部设备连接。自主校准调节设备以使其能在多变的外部环境下使用，如温度影响，这些环境可能是与设备进行外部校准时的环境有差别的。

2.4 创建一个典型的测量应用

本节介绍如何用 LabVIEW 来创建一个典型测量应用（如采集、分析和显示数据等）。

2.4.1 I/O 控件

用在 I/O 模板上的 I/O 控件可以具体指定想要进行通信的仪器或设备源。控件的选择取决于进行通信设备或仪器。把程序框图上的 I/O 终端连接到通道或一个传统的 NI-DAQ、NI-DAQmx、IVI、VISA、FieldPoint 或运动 VI 的字符终端上。在使用 I/O 名称控件之前应当安装必要的驱动器并把必要的设备连接到计算机上。

注意：所有的 I/O 名称控件和常数在所有的平台上都是可行的。然而，如果在不支持这种设备的平台上继续使用 I/O 控件去运行 VI，那么将会导致错误。

1. 传统的 DAQ 通道控件

如果用传统的 NI-DAQ 驱动控制一个 DAQ 设备，那么就可以用传统的 DAQ 通道控件去存取所使用 MAX 或其他可用的配置设置的通道。

设置的任何一个通道都作为选项存储在传统的 DAQ 通道控件的下拉菜单里：单击右键，从快捷菜单中选择 I/O Name Filtering 可以取消以配置为基础的通道；在 Windows 窗口下，可以用 MAX 创建一个新的通道，即单击右键，从快捷菜单中选择 Create New Channel 可以使 MAX 发出指令。

2. NI-DAQmx 名称控件

如果使用 NI-DAQmx 驱动去控制 DAQ 设备，那么可以使用 DAQmx Name Controls 模板上的控件去存取任务、等级、设备、全部通道以及使用 MAX 或 DAQ 助手设置的开关等。单击右键，选择快捷菜单上的 I/O Name Filtering 可以取消以配置为基础的选项。

参考本章的 2.4.5 节关于物理与虚拟通道部分以获得更多关于使用 NI-DAQmx 任务的信息。

3. IVI 逻辑名称控件

使用具有 IVI 仪器驱动器的 IVI 逻辑名称控件可以对使用 MAX 设置的逻辑名称进行操作。逻辑名称位于 IVI 逻辑名称控件模板的下拉菜单中，并且与使用 IVI 仪器驱动的仪器相联系。IVI 逻辑名称控件也包含使用了指定 IVI 驱动器而没有使用 MAX 的 VISA 资源名称。

4. VISA 资源名称控件

使用 VISA 资源名称控件可以对使用 MAX 设置的 VISA 别名进行操作。VISA 别名和 VISA 资源名称均位于 VISA 资源名称控件的下拉菜单中。

5. FieldPointI/O 点控件

使用 FieldPoint I/O 点控件可以对使用 MAX 设置的 FieldPoint 项目进行操作。在 MAX 设置的任何一个项目均作为选项在 FieldPoint I/O Point control 的下拉菜单里。

6. 运动控制资源名称控件

使用运动控制资源名称控件可以对使用 MAX 设置的运动控制资源进行操作。单击右键，从快捷菜单中选择 Allow Undefined Names 去使用没有使用 MAX 设置的名称。

2.4.2 多态的 VI

大多数传统的 NI-DAQ 和 NI-DAQmx VI 都是多态的,都可以接收或返回各种类型的数据,例如数量值、数组以及波形等。用其他的多态 NI-DAQmx VI 可以设置各种各样的触发器,可以设置采集定时的方法并能够创建虚拟通道。通过预先设定,NI-DAQmx VI 可以和多态的 VI 选择器同时出现。

2.4.3 VI 的属性

仅仅使用 NI-DAQmx 的 VI、NI-VISA 和 IVI 仪器驱动 API,便能完成许多功能,也可以用 APIs 的属性去扩展包括一些不太经常使用特性的功能。例如可以用 VISA Configure Serial Port VI(VISA 配置串口 VI)在包括波特率的 VISA Session(进程)中设置几个经常使用的串口设置。然而,如果想改变波特率,可以使用 Property Node(属性节点)实现。

用 DAQmx 模板上的 Property Node 可以为 NI-DAQmx 更改各种低级设置。用 VISA Advanced(高级 VISA)模板上的 Property Node 可以为任意一个 VISA 属性进行设置。使用 Modular Instrument(仪器模块)模板和 IVI 仪器驱动模板上的属性节点可以分别为这些 API 进行设置。

2.4.4 创建一个典型的 DAQ 应用

用 NI Measurements 模板上的 VIs 可以创建 DAQ 应用,基本步骤如图 2-21 所示。

要注意到定时和触发是可选的。如果想具体指定软件定时而不是硬件定时时,可以加入定时程序。如果正在使用 NI-DAQmx,可以用 DAQ 助手为相应的任务设置定时参数。

如果想用设备采集某一特定状态的样本,应当使用触发。例如,需要在输入信号大于 4 V 时开始采集样本,如果正在使用 NI-DAQmx,便可以用 DAQ 助手为相应的任务设置触发参数。

许多 NI-DAQmx 应用也包括开始、终止和清除任务的步骤。例如,对于用一个定时器或计数器计算边沿或测量周期的应用,可以使用 Start VI 支持这个计数器。

在 NI-DAQmx 里,当创建任务的 VI 已经完成激励后,LabVIEW 将自动清理任务。

传统的 NI-DAQ 和 NI-DAQmx 均包括用于定时、触发、读取和记录样本的 VIs。可以用 NI-DAQmx 属性扩展 NI-DAQ VIs 的功能。

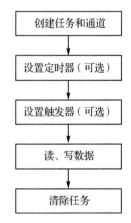

图 2-21 创建一个 DAQ 应用的基本步骤

2.4.5 物理通道和虚拟通道

物理通道是一个接线终端或接线柱,在上可以测量或产生一个模拟或数字信号。支持NI-DAQ设备上的每一个物理通道都有唯一的名称。

虚拟通道是一个属性设置集合,这些设置包括名称、物理通道、输入终端连接、测量或产生和分类信息。在传统的 NI-DAQ 和早期版本里,配置虚拟通道是一个记录对于不同的测量哪些通道将被使用的可选择的方法,但是对于每一个 NI-DAQmx 的测量,虚拟通道是必须具备的。

2.4.6 测量任务

在 NI-DAQmx 中,一个测量任务(task)是对具有定时、触发和其他属性的一个或多个虚拟通道的集合。一个任务是描述想要执行的测量或信号的产生。在一个任务里可以设定和保存所有的配置信息,并且在应用中使用这个任务。

使用 NI-DAQmx 可以把虚拟通道设置为一个任务的一部分,也可以将其从任务中分离出来。

执行一个任务的测量时,应完成下列步骤:
(1) 创建一个任务和通道;
(2) 配置通道,定时和触发属性(可选);
(3) 读取或写入样本;
(4) 清除任务。

需要时可以重复(2)和(3)步骤。例如,在读取或写入样本后,可以重新设置通道、定时和触发属性,然后在新设置的基础上读取或写入另外的样本。

2.4.7 波形控件和数字波形控件

用波形控件、数字波形控件、波形图和数字波形图可以描述采集或产生的波形和数字波形。使用 LabVIEW 可以通过一个预设的波形数据类型描述一个模拟波形,例如正弦波、方波。一个波形数据类型的1维数组可以描述多种波形。使用 LabVIEW 也可以通过一个预设的 Digital waveform 数据类型描述一个数字波形。

波形控件和数字波形控件是由开始时间、Δt、波形数据和属性组成。用 Waveform VIs 和函数可以对个别元素进行读写和控件操作。

1. 开始时间

开始时间是在波形中与第一个测量点相关的时间标记。使用开始时间可以使具有多个波形的波形图和数字波形同步发生,并且可以确定波形之间的延时时间。Δt 是信号上任意两点间的时间间隔。

2. 波形数据和数字波形数据

波形数据和数字波形数据是指描述波形的数值。

一个数据型数组能够描述模拟波形数据。通常,数组中数值的数量是直接和 DAQ 设备上扫描的数量相对应。

数字型数据可以描述一个数字波,并可将其在表格里显示。

3. 属　　性

属性包括关于信号的信息,例如信号的名称和采集信号的设备名称。NI-DAQ 自动设置了一些属性。用设置波形属性函数可以设置属性,并且可以用获得波形属性函数进行读取。

2.4.8　显示波形

用波形控制和数字波形控制可以控制波形的 t_0、Δt 和 Y 部分,或把这些元素作为指示显示出来。

在连接一个波形到图表上的时候,t_0 是 X 轴的初始值,采集数据的数量和 Δt 部分决定 X 轴上的后面值,Y 部分的数据元素组成了图形上的其他点。

图 2-22 中的 VI 以 1 000 次/s 的样本速率从 DAQ 卡上连续采集 10 000 次。图表上显示了波形数据。t_0 为 07:00:00PM,是 X 轴上第一个点,Δt 为 1.00 ms,因此 10 000 次采集用 10 s,最后一次显示值为 07:00:10PM。

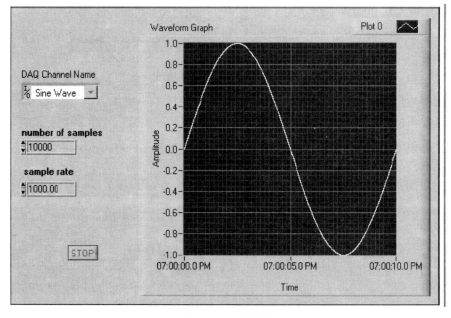

图 2-22　波形图

1. 使用波形控件

波形相关 VIs 可以接收、开启和/或返回波形。另外,可以直接连接波形数据类型到许多控件上,包括图形、图表、数字型控件和数组型控件。

如图 2-23 所示,程序框图从 DAQ 上的一个通道采集波形,滤波和绘制波形。

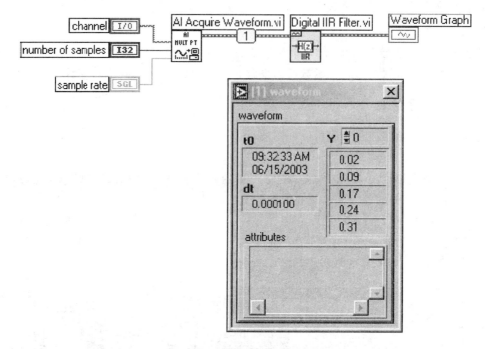

图 2-23 使用波形数据类型

在特定的时刻,AI Acquire Waveform VI 以特定的样本速率从单输入通道采集一个特定的样本数量并返回一个波形。探测可以显示波形数据部分,包括 t_0、Δt 和每次扫描采集的波形数据。Digital IIR Filter VI(数字 IIR 滤波 VI)接收波形数组并且对波形数据进行滤波操作,并用波形图控件显示波形。

也可使用具有单点采集的波形数据类型,如图 2-24 所示。

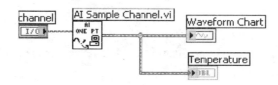

图 2-24 波形数据类型和单点采集举例

AI Sample Channel VI 从一个通道采集一个单一样本并返回一个单点波形。该波形包括从通道中读取到的值和读取时间。图表和温度指示控件接收波形并显示数据。

也可以用具有模拟输出的波形数据(见图2-25),Sine Waveform VI 产生一个正弦波,AO Generate Waveform vi 把波形发送到设备。

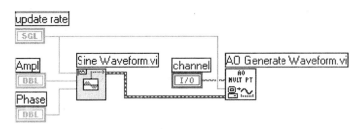

图 2-25 使用具有模拟输出的波形数据类型

2. 提取波形成分

用获得波形函数可以提取并控制产生的波形成分,包括波形幅度数据、起始时间和采样间隔。图 2-26 中的程序用提取波形函数得到了波形幅度数据。

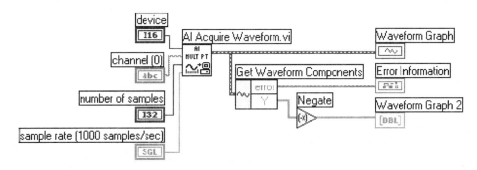

图 2-26 提取波形部分

3. 使用数字波形控件

在数字波形模板上用 VIs 和函数可以通过提取和编辑数字信号部分控制数字数据。

用数字 I/O 模板上的 NI-DAQmx 采集和发送数字信号,数字波形模板也包括 A/D 转换、为图形搜集一个数字信号、添加一个数字信号到另一个数字信号中和执行其他数字任务。

2.5 系统设计中的抗干扰技术

虚拟仪器系统的工作环境通常比较复杂,由于噪声和干扰的影响,影响测量精度,甚至无法进行正常测量。一般对于来源于系统内部的称为噪声,来源于系统外部的称为干扰。由于两者往往共同作用,因此在一般应用中,统称为噪声或者干扰。本书对两者没有区分。

2.5.1 噪声的定义

关于电噪声的含义在不同的学科领域有不同的理解,这也就导致噪声的定义内容多种多样。这里给出一个综合的定义:

噪声是一种有害的信号,它混杂在接收信号当中,属于不希望和不愿意得到但却无法回避的成分;噪声是存在于器件、电路、仪器设备和通信信道当中的一些不规则信号,其中没有任何有用的信息;它影响信号在信道中的传输或者使信号在接收端发生畸变。总之,在物理学和电子学研究中,在所有器件、电路、设备和通信信道中存在,又不附带任何有用信息的不规则信号或是随机波动的信号均称为电子电路噪声,简称噪声。

图 2-27 是噪声体系图。由于噪声的种类众多,其中只是列出了有代表性的几种。噪声一词其实是从声学中借用的术语,这也是经常会把电噪声和声学噪声混淆的原因。

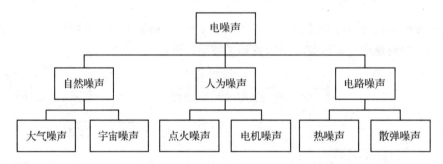

图 2-27 噪声体系图

声学噪声是指听不懂的、嘈杂刺耳、引人不快或不和谐的声音。由于电噪声在音频范围内可以通过电声器件转换为声学噪声,故也称它为噪声。当然,电噪声不只是存在于音频范围,其频率范围是相当宽广的。

噪声大致可以分成自然噪声和人为噪声两类;人为噪声主要来自电器设备(例如电动机启动或停止,接触不良的开关等);自然噪声是指宇宙辐射噪声、大气噪声以及前面提到的电子电路噪声。

2.5.2 抑制噪声的基本原则

首先来分析形成干扰的条件,并进一步了解抑制噪声的原则。

从图 2-28 中可看出,形成干扰的条件有三个:

(1) 向外发送干扰的源——噪声源;

(2) 传递干扰的途径——噪声的耦合和辐射;

(3) 承受干扰(对噪声敏感)的客体——受扰设备。

为保证某系统在特定的电磁环境中免受内外干扰,必须从设计阶段起便依据下面三方面

图 2-28 形成电磁干扰的条件

的原则对干扰加以抑制:

(1) 抑制噪声源,直接消除干扰原因,这是应该首先采取的措施;

(2) 消除噪声源和受扰设备之间的噪声耦合和辐射,切断各类干扰的传递途径,或者提高传递途径对干扰的衰减作用;

(3) 加强受扰设备抵抗干扰的能力,降低其对噪声的敏感度。

在有计算机存在的测试系统中,可利用硬件和软件手段,如采用数据采集时序和程序等,对形成干扰的三个条件加以限制。例如,当 A 仪器发出干扰时,令 B 设备降低噪声敏感度;或者,当 B 的噪声敏感度较高时,控制 A 设备少发生,甚至不发生干扰;或者调整 A 设备发出干扰的时间,使之与 B 设备有较高噪声敏感度的期间能够在时间上错开。

总之,为使系统的抵抗干扰能力与其所处的内外环境相适应,并留有充分余地,以保证该系统在特定环境中可靠运行,且不影响其他设备正常工作而进行的设计工作,称为电磁兼容性设计。

2.5.3 抗干扰技术总述

经过前人多年经验积累,总结了很多种能够有效抑制干扰的好方法。例如:对噪声源采用滤波、阻尼、屏蔽、去耦等手段;对噪声传递途径采用隔离、屏蔽、阻抗匹配、对称和平行配线及电路去耦等多种措施;对受扰设备采用提高信噪比、增大开关时间、提高功率等级、采用精密电源和信号滤波等多种方式。

表 2-4 所列只是对最基本的五种抗干扰措施作一个概述性说明。

表 2-4 最基本的噪声抑制措施

措 施	适用范围	举 例
电路/器件	旋转机械	用 RC 电路,LC 滤波器等
	继电器、线圈等	用 RC 电路,二极管等
	电子电路	用旁路电容器、压敏电阻、积分电路、光电隔离器等
滤波	电源回路	用电源变压器、差模或共模滤波器、非线性电阻等
	信号回路	用传输滤波器、共模滤波器等

续表 2 - 4

措 施	适用范围	举 例
屏 蔽	壳、套、罩	用机壳、盒、箱、屏蔽网、同轴电缆等
	封装插件	用衬板、垫圈、密封材料等
布 线	配 线	用开分走线、扭绞线、屏蔽线、同轴电缆等
	连接器	用带屏蔽的接插件、滤波连接器等
接 地	结构(件)	通过建筑物、机房、室、柜、箱、盒、屏、底盘等
	电路、导线	各种电缆的外皮等

1. 用电路和器件抑制干扰

举例来说,电路中的继电器、接触器、制动器等感性负载发生的反电动势可用并联二极管,或接入 RC 电路等办法加以抑制,此二极管和 RC 电路便是抑制噪声的器件和电路。这类器件和电路很多,如浪涌吸收器、切断噪声变压器、旁路电容器、隔离变换器、光电耦合器、施密特触发器、分流电路、积分电路等,这些电路和器件对于消除高频干扰非常有效。

2. 用滤波抑制干扰

滤波器是用由集总参数或分布参数的电阻、电感和电容构成的网络,把叠加在有用信号上的噪声分离出来。用无损耗的电抗元件构成的滤波器能阻止噪声通过,并把它反射回信号线;用有损耗元件构成的滤波器能将不期望的频率成分吸收掉。在抗干扰措施中用得较多的是低通滤波器(Low Pass Filter)。设计滤波器时,必须注意电容、电感等元器件的寄生特性,以避免滤波特性偏离预期值。滤波器对抑制感性负载瞬变噪声有很好的效果,电源输入端接入滤波器后能降低来自电网的电磁干扰。在滤波电路中,还采用很多专用的滤波元件,如穿心电容器、三端电容器、铁氧体磁环,它们能够改善电路的滤波特性。恰当地设计或选择滤波器,并正确地安装和使用滤波器,是抗干扰技术的重要组成部分。

3. 用屏蔽抑制干扰

屏蔽是通过各种屏蔽物体对外来电磁干扰的吸收或反射作用来防止噪声侵入;或相反,将设备内部辐射的电磁能量限制在设备内部,以防止干扰其他设备。用良导体制成的屏蔽体适用于电屏蔽;用导磁材料制成的屏蔽体适用于磁屏蔽。屏蔽体类型很多,有金属隔板式、壳式、盒式等实芯型屏蔽,也有金属网式的非实芯型屏蔽,还有电缆等用的金属编织带式屏蔽。屏蔽材料的性能、材料的厚薄、辐射频率的高低、距辐射源的远近、屏蔽物体有无中断的缝隙、屏蔽层的端接状况等都直接影响屏蔽效果。

对抑制电磁干扰,屏蔽起着和滤波同等重要的作用,是抗干扰技术必须研究的重要课题,并且屏蔽、滤波和下面将叙述的接地技术紧密相关。就屏蔽、滤波和接地三者对抑制电磁干扰的作用来看,如果滤波和接地两项处理得很好的话,则有时可以降低对屏蔽的要求,有时甚至不必要再进行屏蔽。当然,对具体的电路和设备而言,是否需要采取屏蔽措施和要求达到何种程度的屏蔽效果,以及与滤波和接地怎样配合使用等,这些问题应该根据具体设备的空间条件,系统内外的环境条件,滤波器件和屏蔽器材所花费用等多种因素综合考虑,力求制造的电子系统既经济实惠,又稳定可靠。

4. 用布线抑制干扰

合理布线是抗干扰措施中的又一重要方面。导线的种类、线径的粗细、走线的方式、线间的距离、导线的长短、捆扎或绞合、屏蔽方式以及布线的对称性等都对导线的电感、电阻和噪声的耦合有直接影响,具体情况将在后面各章结合实际电路加以讨论。电子设备中器件的布局、滤波器、屏蔽导线的接地点和地线等的走线方式也都要在布线合理的条件下才能发挥出预期的作用,构成和电磁兼容性要求相符合的整机和系统。

5. 用接地抑制干扰

这是系统结构、电路设计、设备组装以及现场安装等过程中的又一重要环节。通常,接地的目的有两个:一是预防触电,保证操作人员的安全;二是为电子设备或系统提供基准电位。前者叫安全接地,后者叫功能性接地。

很多电子设备和系统含有多种电路、部件、组件和装置,它们的性质复杂多样,有些装置的布局分散,须把各级电路接地线划分成信号地、控制地、电源地和安全接地等;还应根据具体设备的设计目标决定分别采用一点接地、多点接地和混合接地方式。为避免出现接地环路,必要时还要采用隔离技术。总之,妥善处理接地线路的连接和敷设是提高电子设备和系统抗干扰性能的有效手段。一个完善的接地系统必须从设备的最初设计阶段开始直到它的焊接装配的整个过程中对各个环节审慎从事才能完成。

6. 用其他措施抑制干扰

除上述措施外,在电子线路设计中,注意采用平衡或对地对称电路,往往能免除多种干扰;采取电位隔离或空间隔离措施,对于电平相差悬殊的有关电路是预防外界干扰的有效方法。此外,电路去耦、阻抗匹配、电子逻辑器件的防静电等也是抗干扰技术的组成部分。

2.5.4 干扰的分类及其抑制措施

一般来说,一个虚拟仪器系统在工作环境中会受到不同的外部干扰,它们可能来自电源的干扰、空间电磁场的干扰以及地线的干扰等。这些干扰有时会达到相当严重的程度,在强度上远远超过了器件内部的固有噪声,从而严重妨害了对微弱信号的检测。因此,一个低噪声放大器不仅要尽量降低内部噪声,而且要很好地抑制外部干扰。

外部干扰与器件内部噪声不同,这种干扰大多来源明确,并通常具有一定的规律及传送的途径。因此,采取适当措施就可能消除各外部干扰,使检测系统达到仅由内部噪声决定的检测极限。

外部干扰按性质,可分成如下几种:

(1) 工频干扰　指来自50 Hz交流电源的干扰。主要是通过电源送入,也可能是工作环境周围的电力线通过空间耦合。

(2) 脉冲干扰　来源于各种电刷型电动机、汽车点火系统或继电器等。大多数属于高频脉冲干扰。主要是通过电网或空间电磁辐射方式进入检测仪器。

(3) 电磁波干扰　来源于电台发射、大气干扰、宇宙射线和莹光灯等。主要是通过空间电磁波辐射方式进入检测仪器。

(4) 地线干扰　检测仪器有三种接地形式,即:

电源地　供电电源接地点,一般指大地。

信号地　电路中的公共接地点,它仅是一个取零为电位的基准点,可以与大地或机壳相连,也可以是浮置的(即与大地及机壳绝缘,又称浮地技术,有些传感器的输出就是浮地的)。

机壳地　仪器的机壳屏蔽罩接点,根据需要,它可以与大地或信号地回路相接或不相接。

对于上述几种接地方式,如果连接不正确,就会产生很大的地线干扰,从而严重地妨碍微弱信号检测。由于微弱信号检测仪器中对干扰最敏感的部分是前置放大器,所以对于低噪声前置放大器来说,要特别注意对外来干扰的抑制。

下面,介绍抑制这几种干扰的主要措施。

1. 来自电源干扰的抑制方法

(1) 交流供电电源干扰　检测仪器的供电电源一般由220 V交流电源经整流后得到,因此即使是精密电源在整流后仍存在少量的交流纹波和脉冲干扰会进入放大器对测试产生影响。为此放大器的电源输入端要加强滤波。对一些极微弱的信号检测用放大器,最好采用直流供电(例如,电池供电),以彻底消除交流纹波干扰。

采用电源进线处滤波,不仅可以消除交流纹波干扰。还可以消除仪器中各级放大器之间的寄生耦合。

(2) 来自电网干扰　在检测仪器所用的电源上,如还有其他用电设备,如电焊机、交流电动机等,均能沿电源线把干扰送到检测仪器中。这通常是一种高频干扰,可以采用LC滤波器来抑制干扰。L一般为几毫亨,其电流容量要足够大,以保证正常供电电流通过图2-29(a);C为几微法,要保证足够耐压,注意不可用电解电容。为抑制来自电网的共模干扰,最好将电容中心接地,以免共模干扰通过仪器机壳接地,造成对机内电路的干扰,如图2-29(b)所示。

同时,来自电网的高频干扰,有时还会通过变压器的初、次级线圈进入检测仪器。

因此,电源变压器初、次级线圈间要采用静电屏蔽隔离层,屏蔽层必须接电源地。由于来自电源的干扰电流经分布电容C_1耦合到单层屏蔽的接地点,仍有可能通过机壳接地点进入电路;同时,屏蔽层的电阻中形成干扰电压降也可能进一步通过分布电容C_2进入到次级回路,如图2-30(a)所示。因此,最好采用双屏蔽变压器,同时把内电路的信号地浮置。由于干扰电流只能经分布电容C进入到内电路,因而干扰电流量大大减少,如图2-30(b)所示。

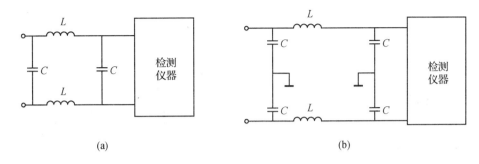

图 2-29 来自电网的工频干扰的抑制

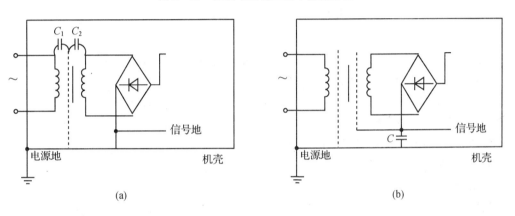

图 2-30 电源变压器的静电屏蔽

(3) 来自放大器偏置电路及供电电源干扰 放大器中的有源器件均需要有一定的偏置电路及供电电源。电路中的偏置电阻的热噪声及供电电源的干扰均会使放大器的等效输入噪声加大,特别是当偏置电阻中有直流电流通过时,还会产生过剩噪声。因此,一种有效的措施是采用无噪声偏置电路。这样,来自电源及偏置电阻的噪声均经 C 旁路,即可大大减少引入到信号电路中的噪声及干扰。

2. 来自空间电磁场耦合干扰的抑制方法

(1) 空间电磁场干扰 空间电磁场干扰是一种高频干扰,因此放大器要加屏蔽盒来加以抑制。屏蔽盒与内部电路地线的连接是一个重要的问题。图 2-31(a)是屏蔽盒与内信号地不连接情况,可见输出电压会通过 C_1,C_2,C_3 耦合到前置放大器的输入端,构成寄生反馈。图 2-31(b)是屏蔽盒与内部信号地连接情况,可消除寄生反馈。

(2) 磁场干扰 来自电源变压器的磁场干扰,对前置放大器的影响主要是使线圈、输入变压器产生感应电动势,因此输入变压器及线圈最好采用坡莫合金屏蔽罩。另外,电源变压器最好远离前置放大器,并加铁壳予以磁场屏蔽。

(3) 布线系统干扰 布线系统对仪器的干扰也要设法抑制,这里介绍一些好的布线考虑,

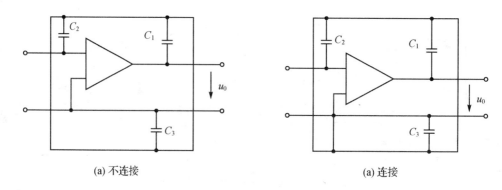

图 2-31 屏蔽装置与内部地线连接

供参考：
① 不要用电缆的屏蔽线作为信号的导体,不要搅乱弱信号电缆。
② 弱信号的相互连接,除均匀的绞扭线外,所有的返回电流通路应限于同一信号线。
③ 由于导线如同天线,所以在信号线的接头处,应尽量减少感应受干扰的环路面积。
④ 弱信号线与干扰线或电源线垂直相交,并保持最大距离。
⑤ 在布线中,宜减少杂散电容的影响,必要时宁可采用跨接线。要防止回路之间的重叠面积,以减少感应,并使电流环路面积尽可能小。

3. 来自地线干扰的抑制方法

检测仪器由地线引起的干扰,是经常遇到的一种严重的干扰,必须引起足够的重视。

(1) 仪器中各部分地线干扰　仪器中通常有弱信号电路、数字电路、功放电路等。它们的信号电平有很大差别,因此这几部分的地线应该分开,以避免高电平信号通过地线耦合到输入端。这些地线应分别连到电源端。如果弱信号电路与数字电路之间采用光电耦合器传送,则地线就有可能完全分开。

(2) 电源地干扰　检测仪器的工作环境一般存在大量的用电设备,特别是一些动力设备、照明设备。这些设备有些是直接与大地连接,有些是通过机壳、底台与大地连接。这样,在地回路中存在很复杂的地电流,从而造成大地上各点电位不同。这些不同的地电位又通过接地线、人体、底台等各种途径传送到仪器机壳的各个部分,从而形成一定的地环流,干扰到仪器内部电路的信号。图 2-32(a) 为一个例子,其中 e 为地电位差,如果传输电缆线金属外皮与机壳直接连接,则在电缆线外皮间造成一个地环流,从而形成信号传输中的干扰电压。

抑制地环流有多种方法：

图 2-32(b) 采用单点接地,即可切断地环流,使接地干扰减少。浮地端可用 $R(1\sim 10\ \text{k}\Omega)$ 或者 C 接地,以加强电缆线对空间电磁场的屏蔽效果。

图 2-32(c) 采用双层屏蔽,其中内屏蔽采用浮地方式以消除地环流干扰,外屏蔽层采用多点接地方式以消除电磁场的干扰。

当然,减少电缆线长度,在信号源与仪器外壳间用粗导线连接等一些措施,也可以减少地环路的影响(相当于减少 R,从而减小干扰电压)。

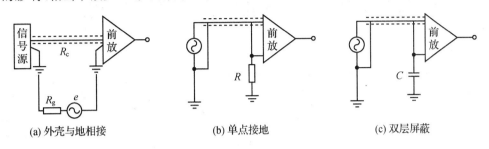

(a) 外壳与地相接　　　(b) 单点接地　　　(c) 双层屏蔽

图 2-32　地环流及其抑制方法

第 3 章　模拟信号的测量

模拟信号的测量是自动测试系统组建过程中最为常见的一类测试任务,包括电压、电流、功率和电阻的测量,这些被测量均属于直接信息。测试系统设计过程中还会涉及频率(交流信号)等一些间接信息。这些信息通常需要在直接信息基础上进行相应的计算或分析而获取。

3.1　电压的测量

模拟电压信号分为两类:一类是直流电压(DC),另一类是交流电压(AC)。DC 信号是随时间缓慢变化的模拟信号,常见的 DC 信号有电源电压、温度、压力以及应变的信号;而 AC 信号是交变的模拟信号,它以某点为基准做连续性的增加或者减少,甚至极性的改变。

3.1.1　直流电压的测量

本节重点介绍如何使用 DAQ 设备和传统仪器来测量直流电压。DC 的电压恒定特性使测量电压、电流、功率变得容易。

在直流情况下,功率的基本公式为 $P=I^2\times R$ 和 $P=V^2/R$。其中 P 是功率(W),I 是电流(A),R 是电阻(Ω),而 V 是电压(V)。在测试过程中,要利用包括欧姆定律在内的基本相互关系,来获取需要的电压、电流或是电阻。

对于 DC 信号的测量,一定是对测量信号瞬时给点值的精确度非常感兴趣。为了提高测量的精确度,通常需要进行信号调理,相关内容见第 2 章。

图 3-1 是风力仪(Anemometer)常见的接线图。该风力仪输出电压为 0~10 V,对应风速 0~200 m/s,两者之间关系可表示为:

$$风力仪读数(V)\times 20(m\cdot s^{-1}/V)=风速(m/s)$$

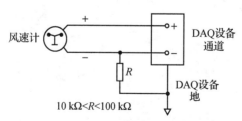

图 3-1　风力仪接线图

注意,在图3-1中用了一个电阻 R,这是因为风力仪通常不是一个接地信号源。反之,如果传感器已经接地,使用电阻 R 会引起接地环流并导致读数误差。

1. 软件测试的 NI-DAQmx 法

图3-2所示方框图为使用 NI-DAQmx VIs 测量风速。其中,第一个 VI 为 The DAQmx Create Virtual Channel.vi,使用 physical channel 产生一个 Anolog Input Voltage 虚拟通道,电压范围为 0~10 V;第二个 VI 为 DAQmx Read.vi,其可以从单通道中读取单样本。$20(m/h) \cdot V^{-1}$ 的放大值连接到乘法器上,它把电压输出范围从 0~10 V 放大为风速范围 0~200 m/h。

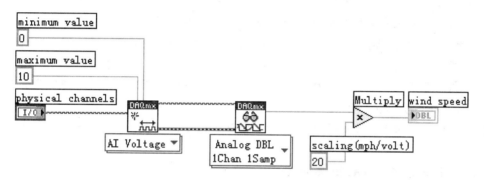

图 3-2 使用 NI-DAQmx VIs 获取单电压读数

2. 对采集数据进行平均化

如果信号快速变化或者存在噪声,平均化能获得更准确的读数。图3-3显示的是风速随时间变化的实际图像,由于风是不稳定的,风速值充满噪声。29 m/h 这个读数是一个峰值,但是给人的印象像是风速一直保持这样没有变化。更好的表达方式应该是取一小段时间的平均值。

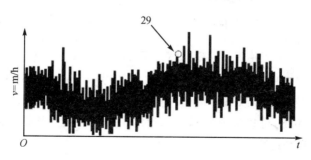

图 3-3 风速随时间变化的实际图像

图3-4展示了一个使用软件平均方法来测量风速的 DAQ 设备。
设定采样点数为1 000,采样率500(samples/sec),VI 会花 2 s 时间来获取这 1 000 个点,

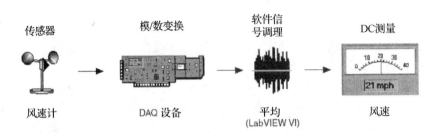

图3-4　使用软件平均方法测量风速的DAQ设备

而Mean.vi会返回2 s时间内的平均风速。

采用平均的一个常见目的是消除50 Hz或60 Hz的电源线噪声。电源线周围的电磁振荡,会引起非屏蔽传感器产生噪声电压,因为电源噪声是正弦曲线或类似正弦波的信号,因而其一个周期平均值为0。如果采样率是噪声频率的整数倍,并且平均数是由整数倍周期得到,就能消除线性噪声。例如,对50 Hz和60 Hz噪声的信号进行采集,其采样率应为300次/s,并对30个点进行平均化,300是50和60的整数倍,50 Hz噪声的周期为300/50＝6个点,60 Hz噪声的周期为300/60＝5个点,30个点是这两个周期的整数倍,因此能够平均整个信号。

3. 使用仪器进行DC电压测量

图3-5所示为一个基于独立仪器(例如,DMM)的电压测试系统,独立仪器也能直接连接到计算机。

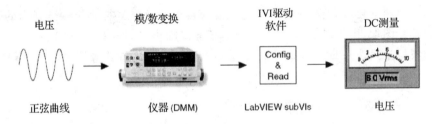

图3-5　基于独立仪器的电压测试系统

可以通过程序来控制图中的DMM进行测量,可以使用IVI驱动子程序通过一个逻辑名来创建进程并初始化仪器,然后对DC测量进行设置,并获得测量数据,最后关闭该进程。

对于有地环流的系统,可以读取数据并在程序中进行多点平均,这种方法很常见。有的DMM本身就能读数据并进行多点平均。

3.1.2　交流电压的测量

交流电的使用十分广泛,不论家庭、实验室或工厂当中,都在使用交流电。AC信号是交变的,因此其电压、电流及功率都不是恒定值,但对这些量的测量还是很有用的。连接到有效值为 220 V AC 电源上的负载和连接到 220 V DC 电源上的负载所消耗的功率是相同的。基于这个原理，V_{rms}（根平均值）为有效值，DC 的功率公式同样也可运用于 AC；对于正弦波，$V_{rms}=V_{peak}/\sqrt{2}$，$V_{rms}$ 的值可以使用电压表测得，标准美国插座提供的 120 V AC 电压实际上峰值电压为 170 V。

本节描述如何使用 DAQ 设备、Fieldpiont 模块及仪器测量 AC 电压。

1. 使用 DAQ 设备测量 AC 电压的有效值

图 3-6 所示是一个基于 DAQ 设备的交流电压 V_{rms} 测试系统。

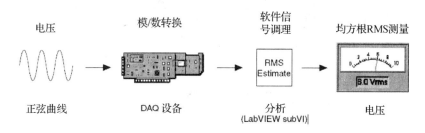

图 3-6　基于 DAQ 设备的交流电压 V_{rms} 测试系统

通过采样点数和采样率来确定输入波形的长度，并分离出 RMS 和 DC 部分。在正弦波偏离零线的情况下，这时的 DC value 显示 AC 偏离量，而 RMS value 显示 V_{rms} 值，似乎波形还是以 0 为中心。

根据奈奎斯特定理，想要精确获取并表示信号波形，采样率至少应为信号的最高频率的两倍以上。要获得精确的波形，应该采用 5～10 倍波形频率的采样率。然而，V_{rms} 与数据频率无关，只与波形形状有关。

2. NI-DAQmx 方法

图 3-7 所示的方框图使用 NI-DAQmx VIs 来读取 AC 电压，DAQmx Create Virtual Channel.vi 创建一个获取电压的虚拟通道，DAQmx Timing.vi 把采样时钟设置为有限采样数模式。Samples per channel 及 rate 决定了每个通道采样时的数量，以及用何种速率采样。在这个例子中，要求有 20 000 个样本，并且采样率为 20 000/s 个，所以采样只需 1 s 就能结束。用 DAQmx Read.vi 读取 20 000 个电压样本并把波形传给 Basic Averaged DC_RMS.vi，利用它分离出 DC 和 RMS 波形值。

3. 使用 DAQ 设备测量最大电压、最小电压及峰值电压

图 3-8 所示是一个对时变信号进行特征测试与计算的 DAQ 系统。

这些测量信号通常是重复的，但是读取最大值、最小值及峰-峰值并不要求非重复性信号。峰-峰值就是最大电压变化值（即最大电压-最小电压），得到波形的最大值和最小值后，它们之差就是峰-峰电压。

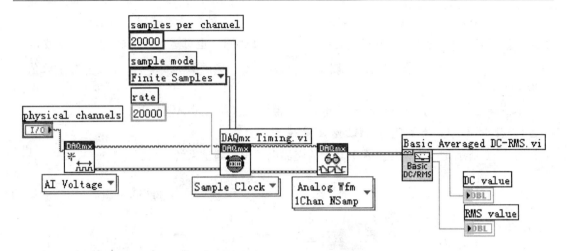

图 3-7 采用 NI-DAQmx VIs 来测量 V_{rms}

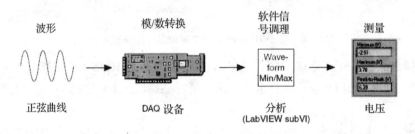

图 3-8 对时变信号进行特征测试与计算

4. 使用仪器测量 AC 电压

同样可以使用独立仪器(例如示波器)来测量 AC 电压,其测量系统如图 3-9 所示,该仪器也能直接连接计算机。

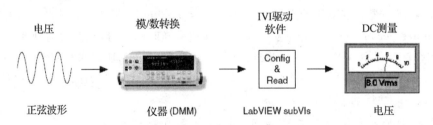

图 3-9 使用独立仪器的 AC 电压测量系统

图 3-10 所示方框图为使用 IVI 驱动子程序来测量 V_{rms}。IviDmm Initialize.vi 通过一个逻辑名来创建进程并初始化仪器,IviDmm Configure Measurement.vi 对 DC 测量进行设置,IviDmm Read.vi 获得测量数据,IviDmm Close.vi 关闭进程。

第 3 章 模拟信号的测量

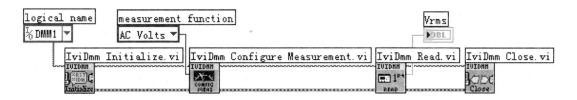

图 3-10 使用 IVI 驱动子程序测量 V_{rms}

5. 使用仪器测量峰-峰电压

图 3-11 是一个使用单独仪器测量峰-峰电压的测量系统,该仪器也能直接连接到计算机。

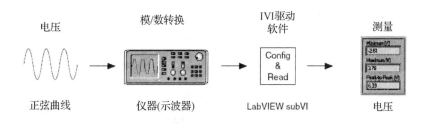

图 3-11 使用单独仪器测量峰-峰电压

图 3-12 方框图使用 IVI 驱动子程序来测量峰-峰电压。

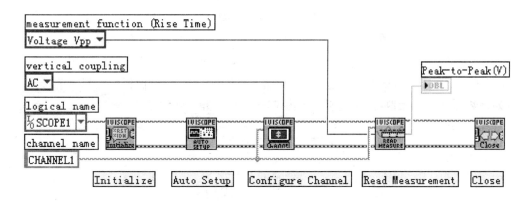

图 3-12 使用 IVI 驱动子程序测量峰-峰电压

6. 使用 FieldPoint VIs 测量 AC 电压

图 3-13 所示是一个用来测量 V_{rms} 的分布式 FieldPoint 系统。

图 3-13　测量 V_{rms} 的分布式 FieldPoint 系统

3.1.3　温度测量

本节描述如何使用 DAQ 设备和仪器测量温度。

1. 使用 NI-DAQ VIs 测量温度

如图 3-14 所示为使用 DAQ 设备测量温度的常用方法,即热电偶法,这是因为热电偶便宜、易用且容易获得。

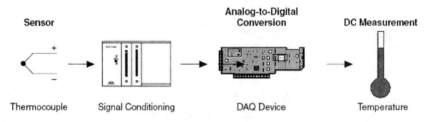

图 3-14　基于 DAQ 设备的热电偶法测量温度

当两种不同的金属互相接触时,热电偶就形成了,它能产生与温度相关的电压。若要了解使用热电偶测量温度的更多信息,请参阅 NI 的网址 ni.com/info 并输入 info 代码 ext4n9。

在图 3-15 所示热电偶的测试连线图中,如果使用电阻 R,热电偶任何点都不能接地。此例中,如果热电偶末端接地,使用电阻 R 会引起接地环流并导致读数误差。

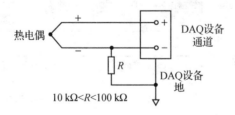

图 3-15　热电偶的测试连线

2. NI-DAQmx 方法

在图 3-16 的方框图中使用了 DAQmx Task Name Constant 来测量温度。在此例中,在 DAQ Assistant 中设置一个进程,由 My Temperature Task 命名来获得测量进程。进程包含的信息如:热电偶类型、冷接触补偿(CJC)位置和值及缩放信息等。DAQmx Read.vi 测量并返回温度值以及图形数据。通过使用 NI-DAQmx 进程,在不改变方框图的情况下能设置和编辑设置信息。

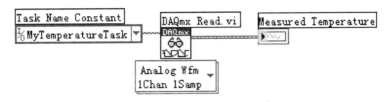

图 3-16 基于 DAQmx 的温度测试 VI

3.2 电流的测量

本节描述如何使用 DAQ 设备和仪器测量直流电流。

4~20 mA 的电流环电路广泛应用于检测系统,此电路以 4 mA 为基准零点动态变化,在不产生电火花的系统中,被应用于开环电路检测。它的优点包括兼容多种硬件、高达 2 000ft(609.6 m)的操作范围以及低成本,因此得到了广泛应用,如数字通信、控制应用及远程传感器信息读取等。设计这种直流电路的目的是使传感器传输一个直流信号。如图 3-17 所示电流环测量接线图,其中液位传感器(Level Sensor)和远程传感器(Remote Sensor)作为独立单元,一个外部 24 V 直流电源用于驱动传感器单元。传感器单元能够调节电流值,该电流值反映了传感器测量值的大小,此处反映了水箱水位的高低。

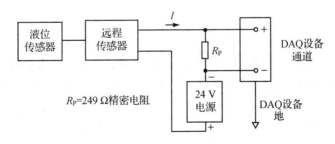

图 3-17 电流环测量接线图

DAQ 设备读取 249 Ω 电阻上的电压,根据欧姆定律可求得电流值:

$$I/\mathrm{mA} = \frac{V/\mathrm{V}}{R_\mathrm{P}/\mathrm{k\Omega}}$$

因为电流范围为 4~20 mA，电阻为 249 Ω，所以电压变化范围为 0.996 V~4.98 V，却在 DAQ 设备读取范围之内。该公式能够用来计算电流，而该电流值正好反映了要测量的物理量的大小。在图 3-18 中，水箱水位为 0~50 ft(0~50.3 m)。4 mA 表示 0 ft，而 20 mA 表示 50 ft。L 表示水箱水位，I 表示电流。

运用欧姆定律公式，并代入电阻 R_P 的值 0.249 kΩ，依据测得的电压值能够求得水箱水位 L：

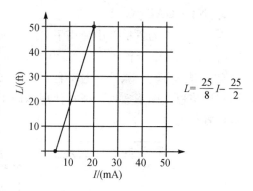

图 3-18 水箱水位与电流大小的线性关系

$$L = \frac{25 \times \mathrm{V}}{8 \times 0.249 \ \mathrm{k\Omega}} - \frac{25}{2}$$

1. 使用 NI-DAQ VIs 测量电流

图 3-19 所示为基于 DAQ 的液位测量系统，该 DAQ 系统通过测量电流来读取水箱液体水位。

图 3-19 基于 DAQ 的液位测量系统

因为多功能 DAQ(MIO) 设备不能直接测量电流，所以必须在电流回路中串联一个高精度的电阻将电流转换为电压，供其读取，如 Error! Reference source not found.17 所示的电流回路接线图。

2. 测量直流电流的仪器

图 3-20 所示为电流测量的仪器控制系统，它使用一台单独仪器来测量电流，这种仪器能直接连接计算机。

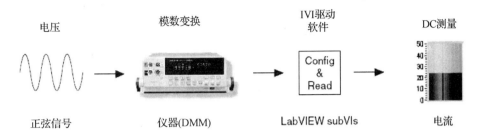

图 3-20 电流测量的仪器控制系统

3.3 电阻的测量

电阻就是导体对电流的阻碍作用。在电阻的两端施加 1 V 的电压,流过的电流为 1 A 时,此电阻为 1 Ω。

通常有两种测量电阻方法,即 2-线法和 4-线法。这两种方法都是电流源输出电流通过一个电阻,并用一个测量仪器在电阻两端进行电压测量,运用下面的公式计算出电阻:

$$R = \frac{V}{I}$$

3.3.1 Two-wire 测量法

如图 3-21 所示为电阻测量的的 2-线法接线图。此方法测量的电阻至少是 100 Ω。

电流源流过导线和未知电阻(R_s)。该设备能够测量该未知电阻两端的电压,并直接计算出它的阻值。由于导线存在电阻 R_{Lead},2-线法测量较小电阻会存在误差。因为导线上的电压降等于 $I \times R_{Lead}$,所以测得的电压并不等于电阻 R_s 两端的电压。通常导线电阻的范围为 0.01~1 Ω,如未知电阻在 100 Ω 以下,使用 2-线法想获得精确测量是很困难的。

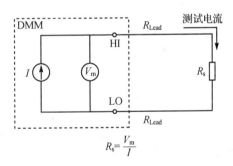

图 3-21 电阻测量的 2-线法接线图

3.3.2 Four-wire 测量法

如图 3-22 所示为电阻测量的 4-线法接线图。此方法可测量阻值小于 100 Ω 的电阻,因为这种测量方法比 2-线法更加精确。

4-线法使用四根导线,两根用于注入电流(测试电流),另两根用于测量电阻两端的电压

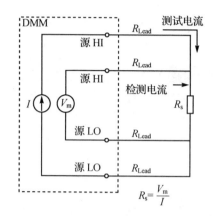

图 3-22 电阻测量的 4-线法接线图

(检测电流)。因为没有电流流过检测导线,测量装置仅测得电阻两端上的电压。因此,4-线法排除了由测试导线和接触电阻所引起的误差。

使用 DMMs 测量电阻:图 3-23 所示为一个基于 DMM 的电阻自动测量系统。

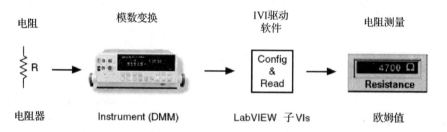

图 3-23 基于 DMM 的电阻自动测试系统

3.3.3 应变的测量

应变就是应力对物体作用产生的变形量。应变被明确定义为长度方向上的改变,用变化量和原长度的比值来计算,如图 3-24 所示。

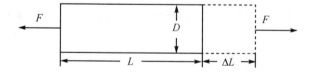

图 3-24 应变示意图

应变拉时为正,压时为负,且无量纲,它的单位被表示为 mm/mm(国外用 in/in)。在实际测量中,应变大小是一个微小量。因此,应变通常被表示成微应变(μe)。

在图 3-24 中,一个轴向力作用在杆上,一种被称为泊松应变的现象导致杆的周长 D 在横向(垂直)方向上的缩小。材料的泊松比是横向应变与轴向应变的负比值,能够反映横向缩小量的大小。例如,钢材的泊松比范围为 0.25～0.30。

为了测量应变,需使用应变片进行信号采集。应变片作为薄导体粘贴到受压力的材料上。应变片上的电压变化反映了材料所受的压力和振动,应变片阻值的改变反映了材料的形变。应变片测量要求有激励(通常为电压激励),并且电压测量为线性。

在应变片配置中,带有信号调节的应变片在使用时需要配置电阻。如图 3-25 所示,连接有信号调节器的应变片组构成了一个菱形电阻装置,这就是惠斯通电桥。当在该电桥上加一个电压,微分电压(V_m)就会随着电桥内阻值的改变而改变。应变片通常就是这样一些随应变变化的电阻。

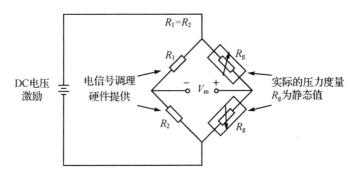

图 3-25 应变测量的半桥双臂电路

应变片应用于全桥式电路、半桥双臂以及半桥单臂电路中,对于全桥应变电路来说,惠斯通电桥四个物理位置上的电阻都是应变片。如图 3-25 所示,对于半桥双臂电路来说,惠斯通电桥只有两个电阻是应变片,另外两个电阻是信号调节器电阻。而对于半桥单臂电路来说,惠斯通电桥仅有一个电阻是应变片。

SCXI-1520 是专门用于应变测量的仪器模块,可通过软件来设置电桥。SCXI-1520 有八个通道,每个通道都提供了激励源、电阻分路开关、滤波器和放大环节。

使用 NI-DAQmx VIs 测量应变:如图 3-26 所示的方框图使用了 NI-DAQmx Task Name Constant 测量应变。DAQ Assistant 设置 MyStrainTask,它包含这样一些应变信息,如

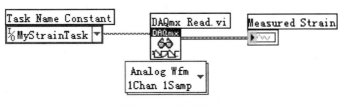

图 3-26 测量应变

电桥配置、电压激励和误差因素等。DAQmx Read.vi 显示应变测量值和曲线的数据。通过使用 NI-DAQmx Task Name Constant 和 DAQ Assistant，能在不改变方框图中代码的情况下对任务进行配置和编辑修改。

3.4 模拟信号频率的测量

这章内容涉及如何使用 DAQ 设备和仪器测量模拟信号的频率。

3.4.1 NI-DAQ VIs 测量模拟信号的频率

奈奎斯特定理表明能精确测量的最高频率应该等于采样率的一半。这意味着假如想测量频率为 100 Hz 的信号，应该使用至少 200 S/s 的采样速率。在实际应用中，采样频率应该是待测频率的 5～10 倍。

除了信号采样速率外，还需要确定采样点数，以保证至少获取三个周期的信号样本。然而，在实际测量中，需要抽取 10 个或 10 个以上周期。例如，使用 500 S/s 的采样速率测量频率为 100 Hz 的信号，至少应该收集 15 个样本或点。这是由于采样速率大约是信号频率的 5 倍，所以能在每个周期内抽取到约 5 个样本点；又因为需要的数据是来自三个周期的，所以有 5 点/周期×3 周期＝15 点。

采集的点数决定了频率的分辨率，采样率除以采集点数就是频率分辨率。例如，如果是以 500 点/s 的采样率进行采样和收集 100 个点，得到的频率分辨率为 5 Hz；欲得到更小的频率分辨率，需增加采样点数。

功率谱图（参考抽样程序）在频率轴（x 轴）上的频率范围和分辨率取决于采样速率和数据记录的长度（采样点数）。功率谱图上的频率点数或谱线数为 $N/2$，其中，N 是信号采样记录中包含的点数。所有的频点间隔均为 f_{SAMPLE}/N，通常称之为频率分辨率或 FFT 分辨率。

图 3-27 所示方框图使用了 NI-DAQmx.vis 测量波形的频率。使用 DAQmx Create Virtual Channel.vi 创建一个虚拟通道获取电压信号，当采样模式被设为有限时，DAQmx Timing.vi 对 Sample Clock 进行设置，Samples per Channel and Rate 决定了每个通道需要的信号样本数和采样速率。例如，要以 500 点/s 的采样速率返回 100 个样本点，采样所需时间为 $\frac{1}{5}$ s，DAQmx Read.vi 测量 100 个电压信号样本并发送波形到 the Extract Single Tone Information.vi 中，返回频率读数。

3.4.2 通过仪器测量频率

一些仪器本身带有频率测量的功能，能返回频率值，使用频率计、示波器或频谱分析仪都可以完成相应的功能，因此，直接用软件读取即可。

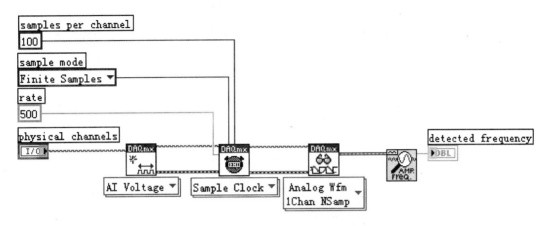

图 3-27 使用 NI-DAQmx VIs 测量波形的频率

3.4.3 通过滤波测量频率

奈奎斯特频率（f_nyquist）是样本信号的频率宽度，等于采样频率的一半。频率成分低于 f_nyquist 是经常出现的事，高于 f_nyquist 的频率成分混叠在 $0 \sim f_\text{nyquist}$ 之间出现，这种混叠成分频率的值是信号实际成分与采样率的整数倍之差的绝对值。例如，一个信号的频率成分是 800 Hz，使用 500 点/s 的采样率进行采样，那么 200 Hz 的混合部分出现混叠。因为：

$$|800\ \text{Hz} - (2 \times 500\ \text{S/s})| = 200\ \text{Hz}$$

在进行读取和分析频率信息时，使用一个模拟硬件滤波器可排除混合成分。如果想在软件中对所有的信号波形滤波，首先应该以足够快的速率取样，并能精确表示出采样信号中包含的高频成分。例如，测量以 800 Hz 为高频成分的信号，根据奈奎斯特定律采样速率至少为 800 Hz 的 2 倍即 1 600 Hz，但在实际使用中取样速率应该是 800 Hz 的 5～10 倍。若想测量大约 100 Hz 的频率信号，可使用一个 Lowpass Butterworth 滤波器。该滤波器是 250 Hz 的截频器，能滤掉高于 250 Hz 的信号波形，而低于 250 Hz 的信号可通过该滤波器。

图 3-28 所示为理想滤波器与实际滤波器的对比，其中，Ideal Filter 是理想滤波器，Real

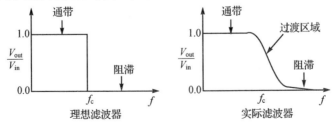

图 3-28 理想滤波器与实际滤波器的对比

Filter 是实际滤波器。高于截止频率的所有频率都不能通过理想滤波器,而 Real Filter 实际上能使用 Butterworth 滤波器来完成滤波,V_{out}/V_{in} 之比接近于 1 时,它为通频带。V_{out}/V_{in} 之比接近于 0 时,它为衰减带。在 V_{out}/V_{in} 之比从 1~0 的过渡区,频率逐渐增加。

可以利用软件在测量频率之前对信号进行滤波。LabVIEW 提供了 Digital IIR 滤波器和 FIR 滤波器。使用 IIR filter specifications control 可对滤波器进行参数设置,如图 3-29 所示。

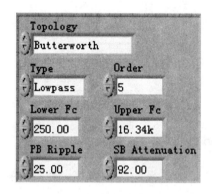

图 3-29 设置滤波器进行参数

在此例中,低通 Butterworth 滤波器设为五阶,它的下截止频率为 250 Hz。滤波器的阶数决定了过渡区的陡峭程度,阶数越高,过渡区越陡峭,但低阶数能减少运算时间和误差。本滤波器忽略了上截止频率、带通脉冲和阻带衰减。

第 4 章 模拟信号的输出

4.1 电压信号产生概述

在第 3 章中,对模拟信号测量有了一定的了解,在实际应用中,模拟信号的输出也是必不可少的,包括单点时不变信号(简称单点信号或直流信号)的产生和连续时变信号(简称连续信号或交流信号)的产生。

在一锅炉温度控制系统中,可以利用模拟输出产生的一个控制信号,对外部的锅炉温度电路进行控制,设置输出电压为 1 V 时,锅炉温度为 20 ℃;输出电压为 5 V 时,锅炉温度为 100 ℃。这是一个单点信号产生的例子。

另外,在汽车电子系统设计过程中,可以首先采集发动机或其他位置传感器实际输出的信号,并将其记录在电脑中;然后使用模拟输出产生这个已经记录的信号,实现以真实数据为基础的仿真实验。这是一个应用连续信号产生的例子。

本章描述如何使用 DAQ 设备和仪器来产生电压输出信号。

4.1.1 直流信号的产生

直流信号产生的关键指标是输出电压的精度和稳定度。输出一个稳压直流时,输出信号的电平稳定性要比它的电平变化率更重要。

在 LabVIEW 中通过使用单点模拟信号输出 VIs 子程序来控制多功能数据采集卡产生这种类型的输出。当想要改变模拟信号输出的数值时,只需调用某些 VIs 子程序即可完成单点更新或单值改变,如图 4-1 所示。因此,一旦在 LabVIEW 中调用这些 VIs 子程序,输出值马

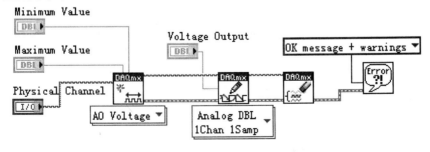

图 4-1 直流电压信号产生程序

上就能被改变。这种技术被称为软件同步技术。在不需要高速输出或高精度同步的情况下,使用软件同步技术就可以了。

4.1.2 交流信号的产生

当要产生一个交流信号,或者说时变信号时,一般要把这个信号的各个点的值先有序存放于缓冲区内,然后顺序产生。所以,时变信号也被称为缓冲信号。

当波形输出或缓冲模拟信号输出时,信号电平变化率就和信号电平大小同样重要。例如,DAQ设备作为函数发生器使用时,欲输出一个正弦波或存储该波形数据,可使用Sine Generation.vi子程序来完成,该VI子程序能够产生正弦波循环,还能存储波形里的正弦波循环数据,还可对DAQ设备进行编程,按一个时间间隔对应一个点的方式,并以给定速率连续地输出波形的值。使用循环缓冲模拟信号输出的方法可以产生一个不断变化的波形。例如,有一个储存在硬盘上的大型文件,里面包含着想要输出的数据,假如计算机不能在单个缓冲器存储整个波形文件,必须在输出信号的同时不断调入新的数据,按要求产生一个不断变化的波形。

4.2 对模拟输出信号的连接

信号连接方式的选择因设备、连接器模块以及信号调理模块的不同而不同。对于E系列或M系列设备,一般提供两个模拟信号输出通道。在这类的DAQ板卡上可以找到三个与模拟输出相关的端子,分别是AO0,AO1及AO GND。AO0是模拟输出通道0,AO1是模拟输出通道1,AO GND是一种能同时用于模拟输出通道和外部参考信号的对地参考信号。图4-2所示为模拟信号的输出连接图,介绍了如何配置模拟输出方式。

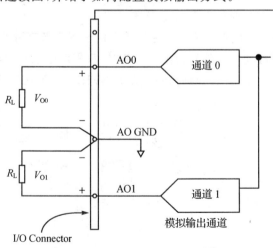

图4-2 模拟信号输出的连接图

4.2.1 使用 NI-DAQmx VIs 输出电压

使用 NI-DAQmx VIs 能够输出电压。图 4-3 所示方框图为使用 NI-DAQmx Write. vi 产生一个正弦信号,并将其在模拟输出通道输出。Sine Waveform. vi 输出一个频率为 10 Hz 且幅值为 1 V 的正弦信号。DAQmx Write. vi 实现在指定的物理通道中输入正弦信号的数据。DAQmx Timing. vi 为电压输出提供必要的定时信息。使用 DAQmx Wait Until Done. vi 的作用是等待正弦信号的输出结束,如果不使用此 VI,电压输出可能过早结束,导致数据丢失。

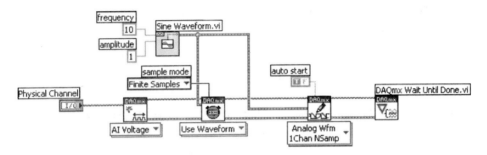

图 4-3 使用 NI-DAQmx 产生一个正弦信号

4.2.2 电压输出所用的仪器

电压输出当然也可以控制函数发生器,使用 IVI 级驱动程序 VIs 来输出一个期望的信号。IviFgen Initialize. vi 使用了逻辑名为设备创建一个 IVI 仪器驱动进程。IviFgen Configure Standard Waveform[STD]. vi 为信号波形指定了频率和幅值。IviFgen Initiate Generation. vi 发送设置的波形给仪器和输出波形。图 4-4 所示方框图是控制函数发生器产生的一个正弦信号。

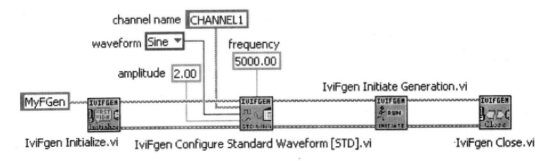

图 4-4 控制函数发生器产生一个正弦信号

第 5 章 数字信号的输入输出

数字信号幅值被限制在有限个数值之内,且是离散的而不是连续的。通常的数字信号只取 0 或 1,分别对应低电平(0 V)和高电平(5 V),在不同的电路系统中,具体的电平会有所不同。在测试系统中,一般把数字信号称为开关信号或脉冲信号。

数字信号的优点很多,在测试系统中,主要利用数字信号抗干扰能力特别强的特性,即其对外界和系统内部的各种噪声干扰都可以有效抑制。

5.1 数字信号生成

一些测量仪器可以从计数器/定时器或是数字端口生成脉冲信号。脉冲为低电平或高电平,如图 5-1 所示为用计数器输出的一个脉冲。

图 5-1 计数器输出的高脉冲与低脉冲

用单个脉冲或多个脉冲组成的一组脉冲链可以作为时钟信号或门信号,也可触发一次测量或生成脉冲;用已知连续时间的信号频率可以确定一个未知的信号频率或触发模拟采集;用一组已知频率的脉冲链可以确定未知脉冲幅宽。

图 5-2 所示为脉冲信号的要素,图 5-3 所示为脉冲链的要素。

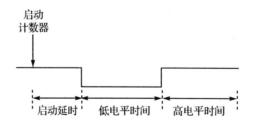

图 5-2 脉冲信号的要素

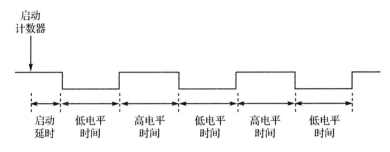

图 5-3 脉冲链的要素

图 5-2 中各要素介绍如下:

(1) Initial delay(启动延时)是在生成脉冲之前输出保持在空闲状态的一段时间。

(2) High Time(高电平时间)是脉冲处在高电平(5 V)的一段时间。

(3) Low Time(低电平时间)是脉冲处在低电平(0 V)的一段时间。

脉冲的周期为 High Time 和 Low Time 的总和,而频率为周期的倒数。

Duty cycle(占空比)如图 5-4 所示,是脉冲的另外一个特性。用下面这个公式来计算 High Time 和 Low Time 不等的脉冲的 Duty Cycle 为

Duty Cycle(占空比)＝High Time(高电平时间)/Pulse Period(脉冲周期)

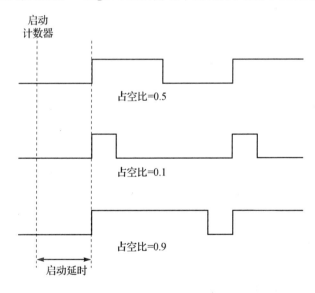

图 5-4 脉冲的占空比

脉冲的占空比在 0 和 1 之间并且经常被表示为百分数。High Time 和 Low Time 相等的脉冲占空比是 0.5,即 50%。占空比大于 50%意味着 High Time 大于 Low Time;反之占空比小于 50%意味着 High Time 小于 Low Time。

在生成一个脉冲之前,可以按照需要设定想要输出一个脉冲或脉冲链的频率、时间或计数器时基等计数标志。对于频率,需要设定占空比;对于时间,需指明 High Time,即脉冲在高电平 5 V 的一段时间,以及 Low Time,即脉冲在低电平 0 V 的一段时间。当一个脉冲生成时,就会在计数器输出终端输出。

空闲状态决定着脉冲生成的极性。当设置空闲状态为低电平时,脉冲就以低电平开始生成,变到高电平为 High Time,变到低电平为 Low Time,如图 5-5 所示。High Time 和 Low Time 在每个脉冲里重复。

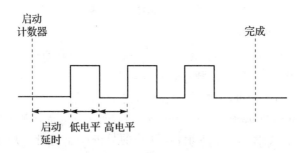

图 5-5 低空闲状态

当设置空闲状态为高电平时,脉冲生成就以高电平状态开始,变到低位为 Low Time,变到高位为 High Time,如图 5-6 所示。

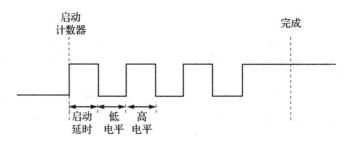

图 5-6 高空闲状态

在这两种情况下,脉冲生成完成时其输出都以空闲状态结束。

在程序中可以在任何时间,包含正在输出信号的过程中,都可更改一个连续的脉冲链生成的 High Time 和 Low Time。这在要求调制脉冲宽度的应用中是非常有用的,如 PID 循环控制应用程序中 PWM 控制信号的产生。

5.1.1 开关量输出

开关量的输出就是通过程序来产生数字脉冲。下面介绍如何用 NI-DAQmx VIs 生成一个数字脉冲,如图 5-7 所示为使用 NI-DAQmx VIs 来生成一个脉冲链。包括定义脉冲链的参数,在图中可以看出该脉冲链空闲状态是低电平,并且产生的脉冲频率为 10 Hz,占空比为 50%,即指这个脉冲开始于低电平,跃迁到高电平需用 50 ms,跃迁到低电平也需要 50 ms。DAQmx Timing.vi 用来设置计数器产生并结束五个脉冲。DAQmx Start.vi 启动计数器并且开始产生一个脉冲。DAQmx Wait Until Done.vi 确保在程序结束执行前产生脉冲。如果不使用 DAQmx Wait Until Done.vi,程序可能在产生全部的五个脉冲以前结束执行。

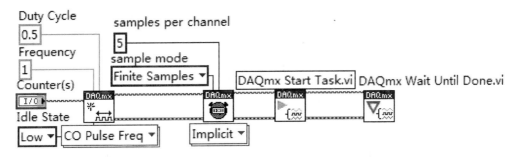

图 5-7 用 NI-DAQmx VIs 产生脉冲

5.1.2 PWM 输出

脉宽调制(PWM)是利用数字输出来对模拟电路进行控制的一种非常有效的技术,被广泛应用在测量、通信以及功率控制与变换等诸多领域中。

PWM 是一种对模拟信号电平进行数字编码的方法。通过高分辨率计数器的使用,方波的占空比被调制用来对一个具体模拟信号的电平进行编码。PWM 信号仍然是数字的,因为在给定的任何时刻,满幅值的直流供电要么完全有(ON),要么完全无(OFF)。电压源或电流源是以通(ON)或断(OFF)的重复脉冲序列形式被加到模拟负载上去的。通的时候即是直流供电被加到负载上的时候,断的时候即是供电被断开的时候。只要具有足够的带宽,任何模拟值都可以使用 PWM 进行编码。

PWM 的一个优点是从处理器到被控系统,信号都是数字形式的,无须进行数模转换。将信号保持为数字形式可将噪声的影响降到最小。噪声只有在强到足以将逻辑 1 改变为逻辑 0 或将逻辑 0 改变为逻辑 1 时,才能对数字信号产生影响。

对噪声抵抗能力的增强是 PWM 相对于模拟控制的另外一个优点,而且这也是在某些时候将 PWM 应用于通信系统的主要原因。从模拟信号转向 PWM 可以极大地延长通信距离。在接收端,通过适当的 RC 或 LC 网络可以滤除调制高频方波并将信号还原为模拟形式。

下面介绍在 LabVIEW 中如何使用计数器来产生一个 PWM 信号。要产生一个 PWM 信号,其实就是产生一个占空比可调的脉冲序列。首先使用 DAQmx Create Channel.vi 创建和初始化一个计数器输出通道,用来产生指定频率的脉冲;然后使用 DAQmx Timing.vi 来配置脉冲产生的持续时间;调用 DAQmx Start Task.vi,启动脉冲序列的产生;开始循环;因为需要动态改变占空比,所以在每次循环中,需检查前面板的占空比输入控件,如果占空比输入有变化,就通过 DAQmx Write.vi 来设置新的输出脉冲序列占空比。一个脉宽调制(PWM)信号输出的完整程序框图如图 5-8 所示。

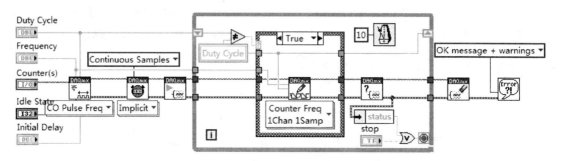

图 5-8　用 NI-DAQmx VIs 产生 PWM 信号

PWM 控制技术还是变频技术的核心技术之一。在汽车电控系统当中 PWM 信号被广泛应用。

5.2 数字信号的测量

计数器/定时器的功能就是可以通过测量数字脉冲幅宽、时钟周期和频率来测量数字信号的时间或频率信息。计数器/定时器的计数容量范围一般是从 16 位到 48 位,可以计的最大数为 2^N($N=16,24,32$ 或 48),这里 N 是计数器/定时器的位数。当被计数的事件是一个时钟源的时钟信号时,在已知时钟的频率的前提下就可以用其来测量时间了。

5.2.1 计数器/定时器概述

计数器/定时器可以监控信号的状态以及信号从一种状态到另一种状态的转变,也可以检测从低逻辑到高逻辑转变的上升沿或从高逻辑到低逻辑转换的下降沿。上升时间和下降时间是上升沿和下降沿分别出现的时间。为了计数器/定时器能检测到边沿,信号状态转变过程时间必须在 50 ns 之内,如图 5-9 所示。

图 5-10 所示为计数器/定时器的示意图。

GATE 端为输入端,其功能与触发相似,控制计数器/定时器一次计数动作的开始或停止。

SOURCE(CLK)端也是输入端,接入的信号作为测量的时钟信号,或是将被计数器/定时器计数的信号。

计数寄存器是计数器/定时器内部的一个寄存器,用于完成对事件的计数。该寄存器可以累加计数,也可以递减计数。也就是说,当选择累加计数时,寄存器从 0 开始,一直可以加到寄存器的最大范围,即 Count Register＝2^{bit}。如果是选择递减计数,寄存器则从当前寄存器的值依次递减,向低计数到 0。计数寄存器的大小是以比特的数量来决定的,32 位寄存器的计数范围是:Count Register＝2^{32}。

OUT 端为输出端,信号终端可以输出一个脉冲或一串脉冲链。

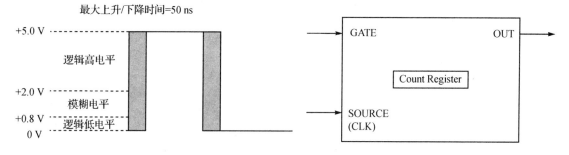

图 5-9　检测信号的上升和下降沿　　　图 5-10　计数器/定时器的示意图

5.2.2　数字信号脉宽的测量

测量数字信号的脉宽是属于时间测量的内容,因此可以用一个计数器/定时器测量一次操作持续的时间或两次操作间隔的时间来实现。例如,用计数器测量在传送带上两个箱子的间隔,操作的边沿是每个盒子经过光电开关引起数字信号突变值的点。

时间测量由数字脉冲幅宽、周期和频率组成。脉冲幅宽是测量从上升沿到下降沿或从下降沿到上升沿的时间;周期是测量连续两个上升沿或下降沿之间的时间;频率是周期的倒数。图 5-11 所示为周期测量与脉冲幅宽测量,指示了两者的不同。

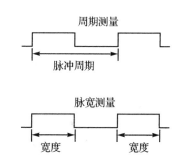

图 5-11　周期测量和脉冲幅宽测量

使用下面的公式可精确计算周期和脉冲幅宽:

$$周期(脉冲宽度)＝计数值/时基频率$$

其中,Count(计数)为时基的数量,即在测量一个周期或脉冲宽度输入的时钟信号的数量。

频率是信号周期的倒数,用以下公式可精确测量频率:

$$f/\text{Hz}＝f_{时基}/计数值$$

如果时基是已知的频率,可以按照周期和时间项测量;如果时基是未知的,就只能按照时基记号进行测量。如果用一个未知时基频率的外部信号,时基就可能是未知的,但可以知道被测信号与时基信号的关系。

量化误差是在数字化模拟量时，以有限的分辨量作为结果的转化方法的内在不确定性。量化误差取决于转换器的位数，以及它本身的误差、噪声和非线性。这里，量化误差是作为输入信号和时基的相位差出现的，并且随输入信号频率与测量方式的不同而改变。

图 5-12 所示为用计数器/定时器测量时间的量化误差，指示了 3 种可能的结果。

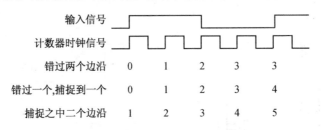

图 5-12 使用计数器/定时器测量的量化误差

Miss Both Edges(错过两个边沿)——计数器/定时器错过了时基的第一个上升沿和最后一个上升沿，如果输入信号恰好在第一个时基的边沿之前和最后一个时基的边沿之后转变，这种情况就会发生，结果是计数比期望值少一。

Miss One, Catch One(错过一个,抓住一个)——计数器/定时器只识别出时基的第一个上升沿或最后一个上升沿，结果是计数等于期望值。

Catch Both Edges(抓住两个边缘)——计数器/定时器同时识别时基第一个上升沿和最后一个上升沿，结果是计数比期望值多一。

例如，如果时基频率是 20 MHz 并且输入信号的频率是 5 MHz，由于量化误差的存在，计数可能是 3、4 或 5。20 MHz 计数器/定时器的时基频率为 3、4 或 5 的计数对应于 6.67 MHz、5 MHz 或 4 MHz 的测量频率，导致量化误差高达 33 %。

单信号计数器/定时器时间测量的量化误差的计算公式为：

$$\tau_{量化} = \frac{f_{信号}}{r_{时基} - f_{信号}}$$

可以通过增加时基频率来减少时间测量的量化误差 $\tau_{量化}$。表 5-1 列出了各种计数器/定时器时基频率和输入信号频率对应的量化误差。

表 5-1 计数器/定时器的量化误差

输入信号的真实频率/kHz	计数器的时基频率/kHz	量化误差/%
0.01	100	0.01
0.1	100	0.10
1	100	1.01
10	20 000	0.05
100	20 000	0.50
1 000	20 000	5.26

5.3 双计数器/定时器测量方法

可以用一个或两个计数器/定时器测量周期和频率。对于大多数的操作来说,一个计数器/定时器就可以满足测量的需要,而且占用的系统资源较少。

对于一些特殊的测量需求,比如测量较高频率的信号或者被测量信号频率变化范围很大,就可以考虑使用双计数器测量方法。

5.3.1 双计数器/定时器测量较高频率

高频测量方法中需用到第二个计数器/定时器(见图 5-13),产生一个已知周期的脉冲链,称为测量时间。

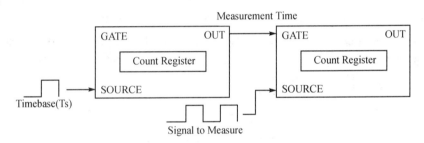

图 5-13 高频二计数器/定时器测量法

为了减少量化误差,测量时间要远大于输入信号的周期,但是测量的时间必须足够小以防止计数寄存器溢出。计数器/定时器计数在测量时间内输入信号周期的数量,并计算平均结果。

用下面的公式计算平均值:

$$T/s = \frac{T_{测量}}{周期计数值}$$

$$f/Hz = \frac{周期计数值}{T_{测量}}$$

用下面的公式来计算高频双计数器/定时器测量方法的量化误差:

$$\tau_{量化} = \frac{T_{信号}}{T_{测量}}$$

$$\tau_{量化} = \frac{1}{T_{测量} \times f_{信号}}$$

增加测量时间和输入信号频率可减少量化误差。表 5-2 列出对应各种测量时间和输入信号频率的量化误差。注意使用更高的输入信号频率可减少量化误差。

表 5-2 高频二计数器/定时器测量法的量化误差

输入信号 真实频率/kHz	测量 时间/ms	量化 误差/%	输入信号 真实频率/MHz	测量 时间/ms	量化 误差/%
10	1	10.00	10	100	0.000 1
100	1	1.00	0.01	1	0.010
1	1	0.10	0.1	1	0.001 0
10	1	0.10	1	1	0.000 1
10	100	0.10	10	1	0.000 01
1 000	100	0.001	—	—	—

用 NI-DAQmx 的高频双计数器/定时器测量方法：如图 5-14 所示为高频二计数器/定时器测量法，方框图中使用 NI-DAQmx VIs 测量一个频率约为 10 MHz 的信号。Starting Edge 输入设置为 Rising，说明计数器/定时器在遇到第一个上升沿的时候开始测量。DAQmx Read.vi 返回频率并以 Hz 为单位。

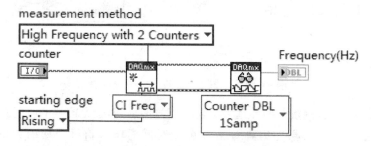

图 5-14 使用 NI-DAQmx VIs 测量频率

5.3.2 双计数器/定时器用于大量程计数

测量一个频率在大范围内变化的信号频率或周期可以用大范围双计数器/定时器测量方法。当测量一个频率变化较大的信号并且想要增加贯穿整个范围的精确度，这种方法是很有用的。

硬件配置和高频双计数器/定时器检测方法相似。而 NI-DAQ 用第二个计数器/定时器把输入信号用除数特性区分。除数特性可以扩展可测量的频率范围并且引起计数寄存器的重新计数。除数特性按照以下的公式以比例决定检测周期和返回数据：

$$T = \frac{T_{测量}}{除数}$$

$$f = 除数 \times f_{测量}$$

例如,用 24 – bit 计数器/定时器和 100 kHz 的时基频率,可测量的频率范围约为 0.006 Hz~50 kHz,因为

$$f = \left(\frac{T_{测量}}{计数值}\right) \times 除数$$

$$f = \left(\frac{100 \text{ kHz}}{2^{24}}\right) \times 1 = 0.006 \text{ Hz}, \quad f = \left(\frac{100 \text{ kHz}}{2}\right) \times 1 = 50 \text{ kHz}$$

然而,用 4 为除数,可测量频率范围是 0.024 Hz~200 kHz,因为

$$f = \left(\frac{T_{测量}}{计数值}\right) \times 除数$$

$$f = \left(\frac{100 \text{ kHz}}{2^{24}}\right) \times 4 = 0.024 \text{ Hz}, \quad f = \left(\frac{100 \text{ kHz}}{2}\right) \times 4 = 200 \text{ kHz}$$

大范围双计数器/定时器测量方法的量化误差计算公式为:

$$\tau_{量化} = \frac{1}{(除数 \times 计数器时基频率 \times T_{信号} - 1)}$$

$$\tau_{量化} = \frac{f_{信号}}{(除数 \times 计数器时基频率 - f_{信号})}$$

从上式中可以看出通过增加除数,增加计数器/定时器时基频率或者降低输入信号频率可以减少量化误差。表 5 - 3 所示为大范围双计数器的量化误差,指示了对于各种除数和输入信号频率在假定的一个 20 MHz 计数器/定时器时基频率的量化误差。

表 5 - 3 大范围双计数器的量化误差

输入信号真实频率/kHz	除数	量化误差%	输入信号真实频率/kHz	除数	量化误差%
1	4	0.001 25	1 000	10	0.5
10	4	0.012 5	10 000	10	5.0
100	4	0.125	1	100	0.000 05
1 000	4	1.25	10	100	0.000 5
10 000	4	12.5	100	100	0.005
1	10	0.000 5	1 000	100	0.05
10	10	0.005	10 000	100	0.5
100	10	0.05			

需要注意的是,用除数可以减少量化误差。双计数器/定时器高频测量方法在进行较高的频率测量时是比较精确的;而采用大范围双计数器/定时器测量方法,可以用较短的测量时间来获得贯穿整个测量范围的较高精度。例如,如果输入信号在 1 kHz 和 1 MHz 之间变化,并且要求在任何信号范围内的最大量化误差为 2.0 %,用高频双计数器测量方法需要的最小测量时间为 50 ms,用大范围双计数器测量方法获得同样的精确度所需要最大测量时间仅为 4 ms。

第 6 章 数学计算与信号处理

对测量的数据进行数学计算和必要的信号处理是虚拟仪器系统中无法回避的问题,有时甚至是核心问题。例如,对淹没在噪声中的信号进行提取,就要涉及均值计算、信号频谱计算、相关计算和信号滤波预处理等一系列数学计算和信号处理方面的问题。

在 LabVIEW 中,Mathematics 子模板提供了大量的 VI 供直接使用。可以完成以公式表达式为基础的计算,和以一元或二元函数为基础的计算;此外,还包括微积分计算、统计、曲线拟合、矩阵运算、优化设计、零点计算和特殊的函数计算等子模板。该模板的分布图如图 6-1 所示。

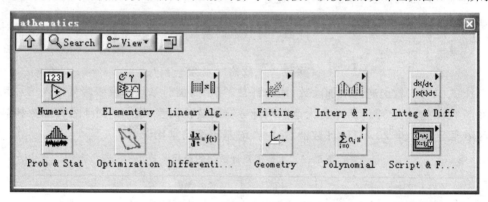

图 6-1 数学计算子模板

信号处理子模板包括信号发生、信号条理、波形测量、信号加窗、信号滤波、频谱分析和域变换等,如图 6-2 所示。

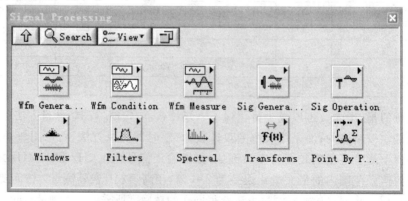

图 6-2 信号处理子模板

包含在数学计算和信号处理模板中的这些 VI,不乏一些非常经典的算法,在程序设计过程中直接运用这些 VI,无疑会起到事半功倍的效果。

6.1 数学计算

LabVIEW 提供的数学计算功能十分丰富,包括基于文本的编程语言 MathScript 节点(兼容 Matlab 语言)、Formula 节点(兼容 C 语言)、计算公式节点(多变量)、Express 公式 VI(适于初学者)、高级公式解析节点(功能强)和 Expression 节点(单一变量)等,这些节点都可以公式为基础的进行计算。

此外,还提供了曲线拟合、内插值与外插值、概率与统计、最优化、常微分方程、几何、多项式函数、一维估计与二维估计以及微积分等各类函数 600 多个。

6.1.1 公式计算

Formula 子模板下包含着许多可用于简单数学计算的节点,如图 6-3 所示,其中包括结构形式的普通 Formula 节点、节点形式的 Eval Formula 节点、可直接调用 MATLAB 脚本的 MATLAB Script 节点、使用方便的快速 Formula 节点和解决一些复杂计算的高级公式解析子模板。

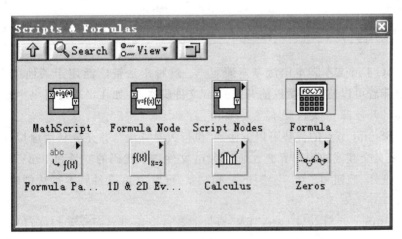

图 6-3 公式子模板

1. MathScript 概述

使用 LabVIEW 编程,不论是在开发算法、分析测试结果、处理信号,还是在探索 DSP 概念方面,都可以自由选择用于工程计算的最佳语法规则。而 MathScript 作为一款面向数学、基于文本的编程语言,包括 600 多种常用的数学、信号处理和分析函数,可以将直观的 Lab-

VIEW 图形化数据流编程与其结合使用。

LabVIEW MathScript 将面向数学的文本编程加入到 LabVIEW 中。MathScript 提供了除图形化数据流编程以外的另一种自定义开发应用系统的方法。现在使用 LabVIEW 可以选择文本编程方式、图形化方式或是两者的组合。

MathScript 的核心是一种高级文本编程语言,包括抽象了用于信号处理、分析和数学相关任务复杂性的语法和功能(见表 6-1)。MathScript 为这些功能提供了 600 多种内置函数,同时也可以创建新的自定义函数。

表 6-1 MathScript 作为信号处理、分析和数学中实用文本语言的特性

MathScript 语言特性	描 述
强大的文本数学功能	MathScript 包括超过 600 种内置函数,用于数学运算、信号处理和分析;这些函数遍及线性代数、曲线拟合、数字滤波、微分方程和概率与统计等
面向数学的数据类型	MathScript 使用矩阵和数组作为基本数据类型,包含用于数据生成、元素访问和其他操作的内置运算符
兼容性	MathScript 与 m 文件脚本语法基本兼容,用于 MathScript MATLAB 软件、COMSOL Script 软件等。这种兼容性意味着可以通过 MathScript 访问在因特网和教科书中现成的数以千计的算法
可扩展性	可以通过自定义函数扩展 MathScript
LabVIEW 的组成部分	MathScript 不需要附加第三方软件进行编译和执行

MathScript 与 m 文本脚本语法基本兼容——这种语法被广泛用于其他工程计算软件。这种兼容性意味着可以使用大量以前开发的 m 文件脚本,例如在工程教科书中现成的或是在互联网上发布的开放源 m 文件脚本。

使用 MathScript 节点的优势可以方便地"执行数学算法",并充分利用虚拟仪器技术的便利,如轻松自定义交互式的用户界面。通过将 m 文件脚本代码的变量和 LabVIEW 控件和指示件(如旋钮、滑杆、按钮和二维、三维图表)相联系,可以为 m 文件脚本算法创建自定义、交互式的用户界面。

可以将 MathScript 节点与 LabVIEW 自带的数百个用户界面元素相连,包括图形、图表、刻度盘和温度计等,为 m 文件脚本实现自定义的用户界面。

使用 MathScript 节点结合文本和图形化编程的另一个好处是简化数据采集、信号生成和仪器控制任务。在 MathScript 节点中执行的 m 文件脚本可以使用在 LabVIEW 开发环境中普遍应用的硬件控制功能。图形化环境自然管理连续数据采集操作,并为开发者节省了大量时间。LabVIEW MathScript 填补了传统 LabVIEW 图形化数据流编程在开发信号处理和分析算法任务上的不足。LabVIEW MathScript 为用户提供了一个单一的环境,使用户可以选

择最有效的语法规则,无论是文本、图形或是两者的组合,从而加速了各种任务的开发。此外,由于 MathScript 与 m 文件脚本语法基本兼容,因此可以最大限度的利用 LabVIEW 以及数以千计、公开可用的来自因特网和教科书的 m 文件脚本或是自己现存的 m 脚本应用程序。

2. 其他公式计算节点

(1) 普通公式节点　普通公式节点是基于文本的编程语言与图形化编程语言相结合的产物,目的是用类似大家所习惯的文本编程语言进行数学计算的方法,来完成一些基本的数学运算。普通公式节点外观与 LabVIEW 中循环等结构相似,而其内部却可以填入类似 C 语言的代码,如图 6-4 所示。

在公式节点中,只接受句号"."作为十进制小数的分隔符。

(2) 表达式节点　计算含有一个变量的表达式或方程时,可以使用表达式节点(Expression Node),如图 6-5 所示。

图 6-4　公式节点的使用　　　　　图 6-5　表达式节点

表达式节点的数据类型并不复杂,并且表达式不是很繁琐且只有一个变量时,是非常有用的。

(3) 计算公式节点　计算公式节点即 Eval Formula 节点,与普通公式节点功能相似,但其可以直接在前面板上输入变量和公式,如图 6-6 所示。

(4) 快速公式 VI　Formula.VI 是一个 Express VI。该快速 VI 更适合初学者使用,能够大大降低编程量和键盘输入量,其图标如图 6-7 所示。将其拖入程序框图窗口中,就会自动打开该快速 VI 的操作界面,如图 6-8 所示。

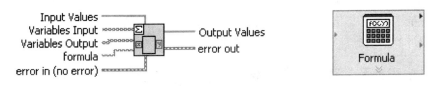

图 6-6　Eval Formula 节点　　　　　图 6-7　快速公式 VI

与普通公式节点相比,快速公式 VI 操作更方便,但公式的具体内容不直观,也就不便修改。

(5) 高级公式解析节点　利用高级公式解析(Advanced Formula Parsing)子模板下的VI,可以把输入的字符串解释为公式,对公式进行数值计算,从而得到结果。

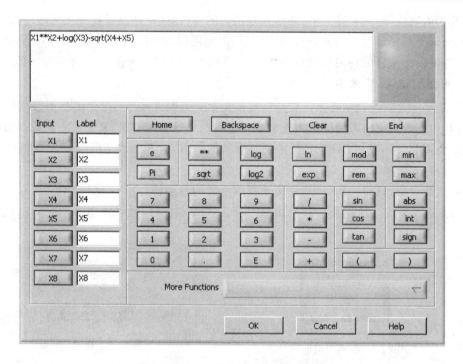

图 6-8 Express 公式 VI 的操作界面

这些 VI 的公式输入有一个共同的特点,即公式是以字符串的形式出现。节点运算的对象可以是无变量的公式、一元函数公式或多元函数公式。计算的结果是输入公式的一个或一组输出。

在该模板下,还有部分 VI 的功能就是单纯的解析,而不能进行数学计算。解析的结果会是一些特殊的簇,其他的一些 VI 可以利用这些簇进行计算。

(6) 函数计算节点 1 维 & 2 维 Evaluation 子模板下的 VI 用来计算符号形式的一元与二元函数,并且以符号形式出现的函数中还可以有参数,这些 VI 可以用来计算极值和偏导数。该模板下的 VI 按照输入函数中的变量多少可以分为一元和二元两类;按照计算的精度可以分为普通计算和精确计算两类,如图 6-9 所示。

6.1.2 微积分及常微分方程计算

Calculus 子模板下包含了多个与微积分计算有关的 VI,以及求解线性和非线性微分方程的子模板。

1. 微积分计算节点

LabVIEW 为进行微积分相关的运算提供有 8 个普通 VI 和一个快速 VI。这些 VI 都分布在 Calculus 子模板中。此快速 VI 如图 6-10 所示。

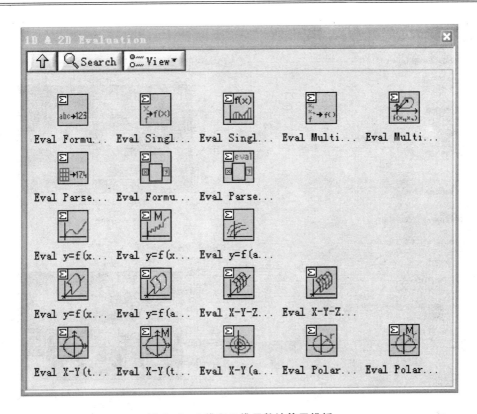

图 6-9 1 维和 2 维函数计算子模板

其设置窗口如图 6-11 所示。

此快速 VI 的设置过程中的参数如表 6-2 所列。

2. 常微分方程组计算

常微分方程组（ODE）的子模板下，共有七个 VI 可用来计算线性和非线性常微分方程组。其中，有两个 VI 用于求解 n 阶线性微分方程组；另外五个 VI 是用于求解一阶微分方程组。

图 6-10 时域数学运算快速 VI

在这七个 VI 中，有的采用简单的固定步长方法，有的采用可变步长方法；有的计算齐次线性微分方程的数值解，有的计算齐次线性微分方程的符号解；有的计算 n 阶线性齐次线性微分方程的数值解，有的计算 n 阶线性齐次线性微分方程的符号解。总之，在实际常微分方程求解的过程中，根据需要来选择适当的 VI。

常微分方程组（ODE）子模板中各 VI 的功能说明如表 6-3 所列。

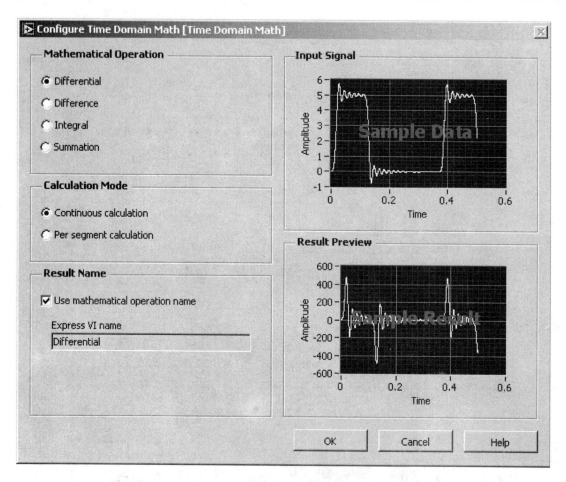

图 6 - 11　时域数学计算的快速 VI 设置界面

表 6 - 2　时域数学计算的快速 VI 设置中的参数说明

参　数	说　明
Mathematical Operation （数学运算）	包括以下选项： • Differential：返回信号的微分 • Difference：返回信号的差分 • Integral：返回信号的积分 • Summation：返回数据包的总和
Calculation Mode （计算模式）	包括以下选项： • Continuous calculation：在执行计算过程中使用前一段数据进行连续计算 • Per segment calculation：执行计算过程中不使用前段数据进行分段计算

续表 6-2

参　数	说　明
Result Name （VI 的名称）	包括以下选项： • Use mathematical operation name：在程序框图中把快速 VI 的名字用数学操作（微分或积分等等）来替代 • Express VI name：在程序框图中使用默认名称或自定义名称（单击 Use mathematical operation name 来编辑快速 VI 的名称）
Input Signal（输入信号）	显示输入信号
Result Preview（结果预览）	预览计算结果

表 6-3　常微分方程组子模板中各 VI 功能

函　数	功　能
ODE Solver.vi （ODE 求解器）	解具有形如 $X'=F(X,t)$ 初始条件的常微分方程
ODE Cash Karp 5th Order.vi （ODE 的 5 阶卡什-卡普解法）	用卡什-卡普法解已知初始条件的常微分方程；此方法具有自适应的步进率，计算效率优于欧拉方法和龙格-库塔方法
ODE Runge Kutta 4th Order.vi （ODE 的 4 阶龙格-库塔解法）	用龙格-库塔法解已知初始条件的常微分方程；此方法使用固定的步进率，但与常规欧拉方法相比，精确度更高
ODE Euler Method.vi （ODE 的欧拉解法）	用欧拉法解已知初始条件的常微分方程
ODE Linear nth Order Numeric.vi （n 阶线性 ODE 的数值解）	解 n 阶齐次线性微分方程，并且方程的系数为数值形式的常量
ODE Linear nth Order Symbolic.vi （n 阶线性 ODE 的符号解）	解 n 阶齐次线性微分方程，并且方程的系数为符号形式的常量
ODE Linear System Numeric.vi （n 维线性 ODE 系统的数值解）	解由常系数差分方程表示的 n 阶齐次线性系统，并且已知起始状态，解基于系数矩阵的特征值和特征向量，以数值形式输出
ODE Linear System Symbolic.vi （n 维线性 ODE 系统的符号解）	解由差分方程表示的 n 阶齐次线性系统，并且已知起始状态，解基于系数矩阵的特征值和特征向量，以符号形式输出

6.1.3　曲线拟合

曲线拟合（Curve Fitting）是数据分析中常用的一项技术，广泛的应用于各类工程类实践中。曲线拟合就是要从现有的数据集合中提取出可以描述这些数据曲线的一些参数，也就是可以找到以这些参数为基础的函数，拟合出一条代表数据集合的曲线。这样就能够利用有限的数据，画出一条连续的曲线，有利于趋势分析。

1. 曲线拟合节点

所有完成曲线拟合功能的九个节点都分布在图 6-12 中的子模板中,其中包括 10 个普通 VI,一个快速 VI,以及一个高级节点子模块。

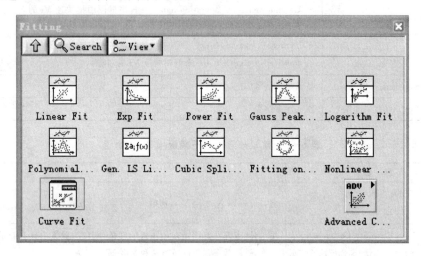

图 6-12 曲线拟合节点

利用这 10 个普通 VI 可以完成三种插值计算和以下 5 种曲线拟合:
- 线性拟合(Linear Fit.vi 和 Linear Fit Coefficient.vi):$y_i = a_0 + a_1 x_i$;
- 指数拟合(Exponential Fit.vi 和 Exponential Fit Coefficient.vi):$y_i = a_0 e^{a_1 x_i}$;
- 通用多项式拟合(General Polynomial Fit.vi):$y_i = a_0 + a_1 x_i + a_2 x_i^2 + \cdots$;
- 通用线性拟合(General LS Linear Fit.vi):$y_i = a_0 + a_1 f_1(x_i) + a_2 f_2(x_i) + \cdots$;
- 非线性拟合(Levenberg Marquardt.vi 和 Nonlinear Lev-Mar Fit vi):$y_i = f(x_i; a_0, a_1 \cdots)$。

另外,在 Curve Fitting 模板下,还包含 4 个用于插值的 VI,可以完成三种插值:通用多项式插值(Polynomial Interpolation.vi)、有理式插值(Rational Interpolation.vi)和样条插值(Spline Interpolant.vi 和 Spline Interpolation.vi)。

2. 曲线拟合快速 VI

曲线拟合快速 VI 如图 6-13 所示。

对其设置界面说明如下。

Model Type(模型类型)包含以下选项:

(1) Linear 线性模型。基于最小二乘原则找到代表输入数据直线的斜率和截距。

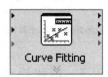

图 6-13 曲线拟合快速 VI

(2) Quadratic 二次多项式模型。基于最小二乘原则找到代表输入数据的最佳二次多项式曲线。

(3) Spline　样条模型。

(4) Polynomial　多项式模型。基于最小二乘原则求出代表输入数据的多项式系数。

(5) General least squares linear　通用最小二乘线性模型。

(6) Non-linear　非线性模型。使用 Levenberg-Marquardt 算法求非线性函数的系数。

(7) Current Model　当前模型。显示当前被选中的模型类型公式。该参数对模型类型中前五个有效，而对非线性模型无效。

(8) Results　拟合结果。显示拟合得到的参数。

(9) Data Graph　数据图。显示原始数据与最佳拟合数据。

(10) Residue Graph　残差图。显示原始数据与最佳拟合数据之间的差异。

6.1.4　概率与统计

在 LabVIEW 中，一般的概率分布和统计功能都可以实现，如概率分布、统计特征和方差分析等。相关的 VI 分布于 Probability and Statistics 子模板下。

1. 统计特征

在 Probability and Statistics 子模板下，包含有计算均值、标准差、方差、均方根值、均方差、矩、中值、众数和直方图的普通 VI。同时，在该模板下还有两个快速 VI，分别是 Statistics 和 Create Histogram，却分别用于进行统计特征计算和创建直方图。Probability and Statistics 子模板下具体 VI 分布如图 6-14 所示。

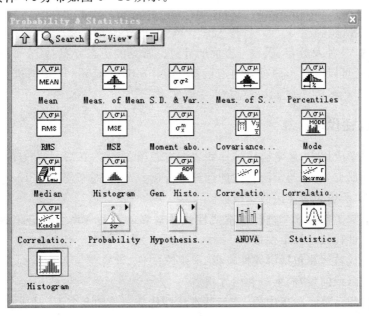

图 6-14　概念与统计子模板

应用该模板下的统计快速 VI(见图 6-15),可以完成算术平均值、中值、众数、和、均方根值、标准差、方差、峰度和偏度等统计计算;还可以完成一些极值计算,包括最大值与最大值发生时间、索引、信号范围、起始点与终止点的时间及幅度等。

图 6-15　统计快速 VI

此 VI 特别适用于在一个程序中进行多个特征和极值计算,可以最大限度地减少编程量,节省程序框图的空间。

2. 概率分布

在 Probability and Statistics 模板中,有一个 Probability 子模板,如图 6-16 所示。

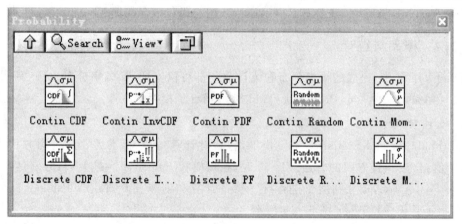

图 6-16　概率子模板

该模板下的 VI 涉及分布、误差等方面的计算。常见的正态分布、χ^2 分布、F 分布和 t 分布都包括在其中,还可以进行 4 种对应的逆运算($p=\text{Prob}\{X\leqslant x\}$,已知随机变量 X 的概率 p 来求其值 x)。

6.1.5　线性代数计算

在工程和科学应用中,经常会求解一些线性方程组。LabVIEW 中有专门的 VI 可以进行线性代数方面的研究,进行与矩阵相关的计算与分析。这些 VI 就分布在 Linear Algebra 子模板中,如图 6-17 所示为线性代数子模板。

这个模板下除了包括 8 个进行基本线性代数运算的普通 VI 之外,还有两个高级线性代数运算和复杂线性代数运算子模板。

基本的线性代数运算包括解线性方程、求矩阵的逆、计算实方阵的行列式、求特征值及向量、求矩阵与矩阵(或向量)的乘法和内外积。

复杂线性代数运算子模板中的 VI 与基本线性代数运算的 8 个 VI 是成对出现的,每对 VI 完成的运算是基本相同的。总体来讲每对 VI 之间的区别是前者计算较复杂,而后者计算比

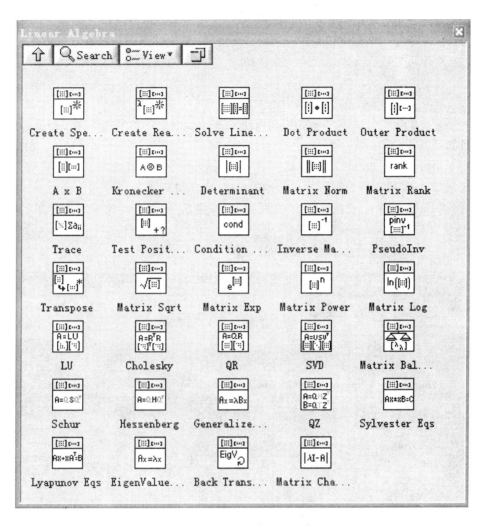

图 6-17 线性代数子模板

较简单。

高级线性代数子模板下包括了 LU 分解、QR 分解、SVD 分解、Cholesky 分解、求迹、求秩、矩阵范数、矩阵条件数、产生特殊矩阵和判别正定等 VI 功能。

6.2 信号产生、监测与处理

在实际应用的过程中,波形产生和信号处理是相当重要的,尤其是信号处理部分甚至是某些程序的核心和关键技术的体现。

信号处理包括信号生成、信号调理、监视、数字滤波、加窗和频谱分析。

波形产生在程序测试的过程中发挥着巨大的作用,波形监视则在有些现场数据采集程序的运行过程中不可替代。

6.2.1 信号产生

在无法采集实际信号时,可以使用 LabVIEW 来生成需要的信号用于程序测试、分析或其他一些目的。

利用 Waveform Generation 子模板中的 VI,可以产生标准的正弦波、方波、三角波和锯齿波等确定信号,能够精确的控制所生成信号的幅度、频率和相位。

同时,在 LabVIEW 中还能够产生一些伪随机噪声信号,包括均匀或高斯分布的白噪声、PRN 噪声、1/f 噪声和 Gamma 噪声等。

图 6-18 中是用于波形产生的所有 VI。

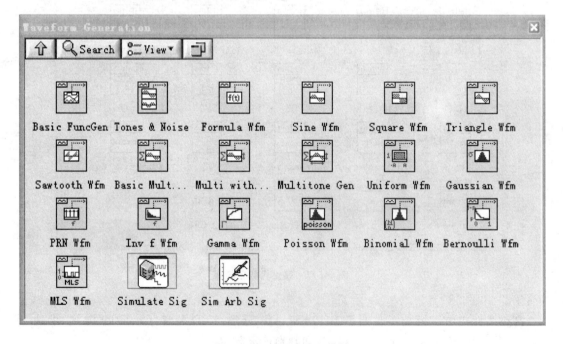

图 6-18 波形产生子模板

在这个模板下,有一个快速 VI,即 Simulate Signal.vi。这个快速 VI 在实际中应用的最多,除了可以模拟产生标准信号之外,还可以产生带有不同噪声的信号。

此外,快速 VI Sim Arb Sig.vi 可以产生任意波形,功能类似于传统仪器之一的任意波形发生器的功能,实现用户自定义的波形输出。

6.2.2 波形监视

为了寻找信号中的峰值(幅度、位置及二阶导数),分析信号的触发点,或者执行输入信号的极限(上限和下限)监测就要用到波形监视功能。这些 VI 都分布在 Waveform Monitoring 子模板下。表 6-4 所列为波形监视子模板下的 VI 及其功能。

表 6-4 波形监视子模板下 VI 及其功能

模板名称	功 能
Limit Testing.vi（限度检查）	对输入的波形数据或簇类数据进行限度检查,依据输入的上限或下限值
Limit Specification.vi（限度规范）	在时域或频域创建连续或分段的模板
Limit Specification By Formula.vi（公式法限度规范）	在时域或频域依据公式创建连续或分段的模板
Waveform Peak Detection.vi（波形峰值检测）	检测输入信号峰值与谷值的位置、幅度以及二阶导数
Basic Level Trigger Detection.vi（基本电平触发检测）	检测输入波形的首个触发位置,输出可以是索引或时间

在该模板下,有两个快速 VI,即 Mask & Limit.vi 和 Trigger & Gate.vi,这两个快速 VI 集成了表 6-4 中所列 VI 的全部功能。

为了更好地理解信号产生与监视模板下 VI 的应用,下面举例说明。

例 6-1 利用两个快速 VI 进行信号产生与监视。

说明:首先用快速 VI - Simulate Signal.vi 产生一个频率为 20 Hz、幅度为 1 V、直流偏置为 0.5 A 的正弦信号。为了使结果更明显,先不要附加任何噪声。把产生的信号送入另外一个快速 VI - Mask and Limit Testing.vi,设置好期望的上、下限。最后把产生的信号和监视的结果一起送到 Waveform Graph 进行显示。图 6-19 为程序框图,图 6-20 为前面板上的运行结果。

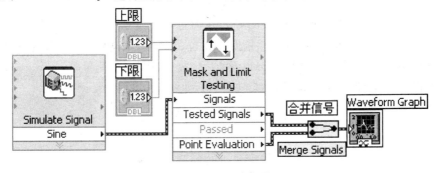

图 6-19 程序框图

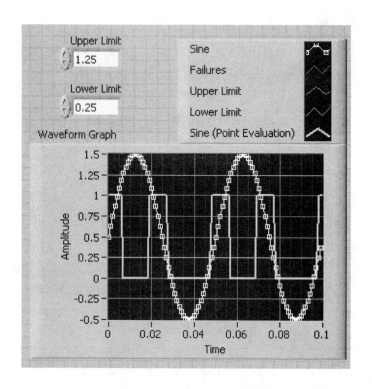

图 6-20 前面板上的运行结果

从程序的运行结果可以看出,当输入的正弦波信号的幅度超过上限 1.25 和下限 0.25 时,Point Evaluation 的输出值为 0;当正弦波信号的幅度在上下限之内时,Point Evaluation 的输出值则为 1。

6.2.3 波形测量

所谓波形测量,是测量输入信号在时域和频域的一些参数,而不是仅仅局限于时域信号的测量。这些参数包括直流量、均方根值(RMS)、过渡过程信息(上升或下降时间、超调量等)、脉冲信息(占空比、周期等)、单音的频率、幅度和相位、谐波失真、功率谱、功率谱密度、传递函数、互谱、信号-噪声比及失真比(SINAD)以及 FFT(幅度、相位)的测量等。

这个模板下包含 19 个普通 VI 和 6 个快速 VI,如图 6-21 所示。

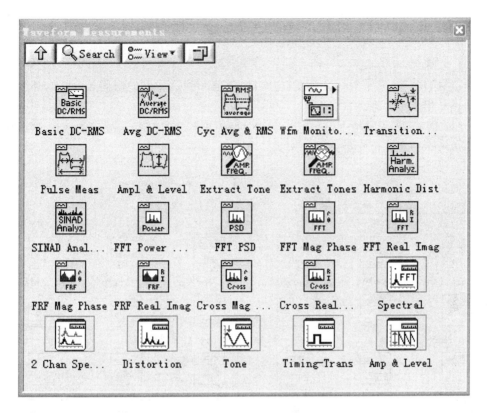

图 6-21 波形测量子模板

6.3 信号处理

6.3.1 信号处理

信号处理领域的内容非常丰富,而且随着科学技术的不断发展,其内涵也在不断的变化。在 LabVIEW 中,包含着大量与信号处理相关的实用函数。这些函数包括时域处理、频域处理、滤波器设计和窗函数选择等。甚至还有一些特殊的工具包,可以进行联合时频分析和小波分析等复杂的信号处理与分析。

这些函数和整个信号处理领域相比,虽然只是冰山一角,但只要运用得当就能够基本满足实际应用的需要。

需要指出的是,LabVIEW 中提供的所有函数所应用的理论,都是经过实践检验过的成熟理论,而不会将一些当前研究的热点或是结论不明确的理论简单的包含进来。也就是说,尽管信号处理的一些理论研究发展迅速,新理论层出不穷,但在 LabVIEW 中却是无法全部看到的。

1. 信号时域处理

对于信号的时域,通常关心其幅度、超调量、极值和到达稳态的时间等,此外,还要在时域内进行卷积和相关等运算。

在 Time Domain 子模板中,包括 16 个在时域内进行信号变换与处理的 VI。这些函数的功能是完成数学计算和信号处理中常用的一些变换,如图 6-22 所示。

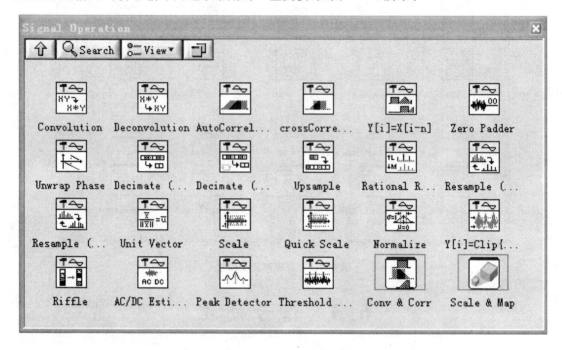

图 6-22 Time Domain 子模板

由于这个模板的 VI 数量比较多,因此,首先对其分类,再进行扼要说明。

这些 VI 大体可分为三类:

第一类 VI,完成卷积、相关以及与两者相关的分解运算,比如移位和序列补零等。

第二类 VI 完成积分和微分运算,需要注意的是其操作对象是离散序列。

第三类 VI 完成对输入序列进行均值和方差计算、脉冲参数计算和峰值检测等。

2. 信号的变换

信号的频域处理在信号处理领域占有相当重要的地位。将信号变换到频域中后,许多包含在其中的有用信息就会突显出来。知道信号的频率成分和幅度有时比仅知道某个时间采样的幅度更有意义。用独立的频率分量来表示信号就是所谓的信号频域表示法。

将采样信号由时域变换到频域的一种通用算法就是众所周知的离散傅里叶变换(DFT)，当采样点数 $N=2^m$ 时，可以得到其快速算法为 FFT。除了 DFT 之外，还有很多其他时域变换到频域的方法，如 Hilbert 变换、Walsh 变换和小波变换等。

与多种变换方法相对应，LabVIEW 中有关信号频域处理的 VI 的数量也相对较多，共有17个，如图 6-23 所示。

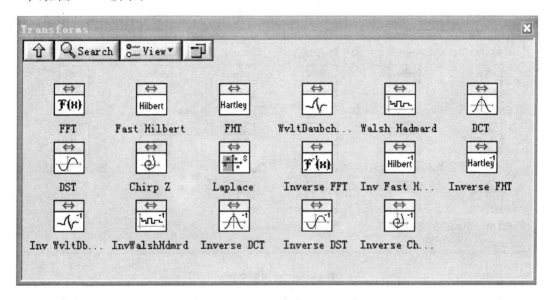

图 6-23　Frequency Domain 子模板

在这个模板下的 VI 主要完成频谱、自功率谱、互功率谱、网络函数和传递函数相关的运算以及 FFT、Hilbert 和 Hartley 变换的正逆运算、快速正逆运算，还可以完成一些简单的联合时频分析、短时傅里叶变换、小波变换(DB4)、沃尔什变换和拉普拉斯变换等。

6.3.2　数字滤波器与窗函数

本节的研究内容实际上也属于信号时域或频域处理的范围；包括与数字滤波器和窗函数相关的几个内容。

1. 窗函数

在时域内无限长的信号，采集到计算机内时进行处理过程中必然会发生截断。截断引起了信号的突变，导致信号频谱中出现了原信号中不存在的高频分量，就好像原有频谱中的能量"泄漏"到了其他频率中去，即产生频域的泄漏。

目前，由于无法实现无限长时间的采样，所以克服泄漏的主要方法就是选择合适的窗函数进行加窗处理。已经证明时域信号突变的幅度越大，产生的高频分量就越多，则泄漏就越多。加窗处理的过程是对原始信号乘以一个幅度变化平滑且边缘趋于零的窗函数序列，得到的目标序列减少了边缘处的突变,抑制了频谱上的泄漏。图 6-24 为窗函数子模板功能块图。

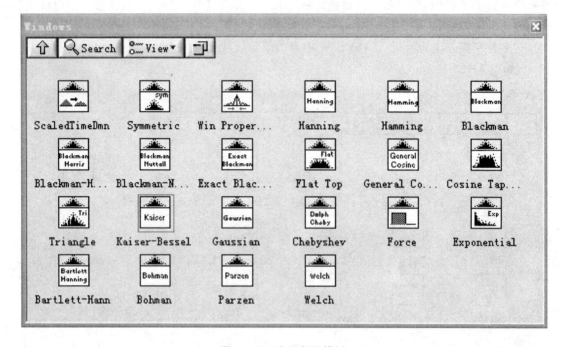

图 6-24 窗函数子模板

这个模板下的 22 个 VI 中,除了 Scaled Time Domain Window.vi 是一个复合窗函数 VI,却该 VI 可以实现多个窗函数的功能,其余的 VI 都只能实现单一的窗函数功能。该模板下的其他 VI 对应着海宁窗(Hanning)、汉明窗(Hamming)、三角窗(Triangle)、布莱克曼窗(Blackman)、布莱克曼－哈里斯窗(Blackman-Harris)、平顶窗(Flat Top)凯泽尔-贝赛尔窗(Kaiser-Bessel)、余弦窗(Cosine)和指数窗(Exponential)等。

Scaled Time Domain Window.vi 的图标及输入输出如图 6-25 所示。

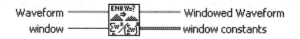

图 6-25 复合窗函数

此 VI 一共可实现 10 种不同的窗函数,由输入 Window 来确定,Window 的取值与对应的窗函数关系如表 6-5 所列。

2. 数字滤波器

滤波器分为模拟滤波器和数字滤波器。数字滤波器由于其是基于软件的,所以其频率特性是稳定的,不会随着外界环境变化而改变。当然,在 LabVIEW 中所要研究的都是数字滤波器。

表 6-5 Window 的取值与对应的窗函数

Window 的取值	窗函数	Window 的取值	窗函数
0	Uniform	5	Blackman
1	Hanning	6	Flat Top
2	Hamming	7	Four Term Blackman – Harris
3	Blackman – Harris	8	Seven Term Blackman – Harris
4	Exact Blackman	9	Low Sidelobe

滤波器的分类方式有很多种,可以分为线性滤波器和非线性滤波器;也可以分为 FIR 滤波器和 IIR 滤波器等。

但最常用的是根据频率范围进行分类,即可以分为低通滤波器(LP,频率低于截止频率 f_c 的信号可以通过)、高通滤波器(HP,频率高于截止频率 f_c 的信号可以通过)、带通滤波器(BP,f_{c1} 和 f_{c2} 之间的频率可以通过)和带阻滤波器(BS,f_{c1} 和 f_{c2} 之间的频率被抑制衰减掉)。

数字滤波器理论中的一些内容是比较深奥的,但只要能够理解一些基本的概念,像截止频率、滤波器的阶数以及通带与阻带等,就可以应用 LabVIEW 中数字滤波器 VI 来编写程序,而没有必要完全理解滤波器的工作原理。这样可以节省很多的开发时间,这一点对一个工程人员是很重要的。

数字滤波器 VI 子模板下的 VI 比较多,不仅有 12 个普通 VI,另外还有两个下一级子模板。两个子模板分别是高级 IIR 和 FIR 滤波器的子模板。

在 LabVIEW 中包括 4 种 IIR 滤波器:

(1) Butterworth 频率响应平滑,通带到阻带下降缓慢。

(2) Chebyshev 在通带内具有等波纹响应,下降速度比 Butterworth 滤波器快。

(3) Elliptic 在通带和阻带内都具有等波纹响应,过渡带比以上两种滤波器都陡峭。

(4) Bessel 幅度和相位响应平坦,相位响应接近于线性。

在 LabVIEW 中还包括几种 FIR 滤波器:

(1) Windowed 窗函数法,可以实现低通、高通、带通和带阻特性。

(2) Parks – McClellan 基于该算法的滤波器可以实现窗函数法无法实现的频率特性。可以实现低通(Equiripple Low – pass)、高通(Equiripple High – pass)、带通(Equiripple Bandpass)和带阻(Equiripple Bandstop)特性。

滤波器子模板如图 6-26 所示。

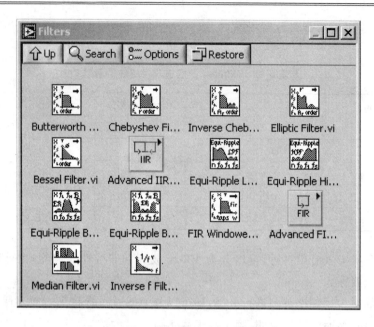

图 6-26 滤波器子模板

6.3.3 波形调理

波形调理（Waveform Conditioning）中所提供的 VI 都是与数字滤波器和窗函数有关的一些 VI。共有 8 个普通 VI 和 3 个快速 VI，如图 6-27 所示。

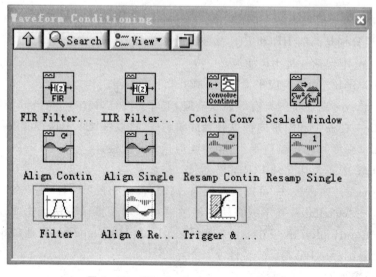

图 6-27 Waveform Conditioning 子模板

很多模板下的普通 VI 和快速 VI 之间的关系都是把几个普通 VI 的功能合并成一个快速 VI。波形调理模板下的普通 VI 和快速 VI 之间的关系也是这样的,Filter 快速 VI 是把图 6-26 中第一行的前三个普通 VI 的功能进行了合并,便可快速实现一些简单实用的数字滤波器;而 Align & Resamp.vi 是把图 6-27 中第二行中的 4 个 VI 的功能进行了合并,完成对数据的一些预处理功能。

第7章 测试文件保存与报告生成

在一个完整的测试过程中,测试数据的保存和测试报告的生成是必不可少的重要部分。测试要产生大量甚至是海量的数据,这些数据必须通过有效的方式进行组织并高效的存储。

测试数据在保存以后,可以根据需要再次调入 LabVIEW 程序中进行分析,或调入 EXCEL 等其他应用程序中进行进一步处理,或绘制出更加丰富的图表。

在生成测试报告的过程中,可以直接统计测试数据,或者利用一些工具和算法对数据进行分析,最终得到测试结果和测试结论。

7.1 测试文件的存储

测试系统中数据的保存格式一般有文本格式(ASCII)、二进制格式(BIN)和数据日志(DATALOG)格式。此外,LabVIEW 还支持其他的文件格式,如测试数据文件(Measurement file)和技术数据管理文件(TDM,Technical data management)。

在 LabVIEW 的程序设计中,文件 I/O 操作主要用于保存测量的数据,或回放存储的数据。这些文件操作包括创建、打开、更改和关闭文件,读写文件,移动和重命名文件及目录,改变文件属性等。

在进行文件 I/O 操作的过程中,需要特别注意文件的格式与位置信息。

7.1.1 文本文件

文本文件是基于 ASCII 的一种通用文件格式,几乎所有的计算机平台都可以对这类文件进行读写,用于在不同的用户和不同的应用程序之间数据交换,如 Microsoft Excel 和记事本等程序就要经常用到文本文件,非常方便,这是它的优势。此外,在大多数仪器控制应用中也都使用基于文本的字符串。

ASCII 是美国信息交换标准码,起始于 20 世纪 50 年代后期,1967 年定案,成为标准的单字节字符编码方案,用于基于文本的数据表示。ASCII 码使用指定的 7 位或 8 位二进制数组合来表示 128 或 256 种可能的字符。标准 ASCII 码使用 7 位二进制数来表示所有的大写和小写字母,数字 0~9、标点符号以及在美式英语中使用的特殊控制字符。目前许多基于 x86 的系统都支持使用扩展(或"高")ASCII。扩展 ASCII 码允许将每个字符的第 8 位用于确定附加的 128 个特殊符号、字符、外来语字母和图形符号。

如果磁盘空间足够大且对文件 I/O 速度没有特殊要求,同时不必按照随机方式访问数据并且不关注数据的精度就可以考虑使用文本文件。

文本文件和二进制文件与数据记录文件相比,在操作过程中要占用更多的内存与磁盘空间。文本文件中的字符采用 ASCII 编码方法,比如表达 101010.1 要用 8 个字节,每个数字和小数点及正负号都要一个字节;而采用单精度的浮点数只要 4 个字节。

更重要的一点是,对文本文件的随机操作是非常困难的。因此,尽管字符串中每个字符固定的占有一个字节的空间,但要访问 123456 中的第 6 个数字 6,就必须先转换前 5 位数字。此外,用文本文件存储数字一般是采用十进制,用其来表示一个二进制数大多会损失部分精度。

例 7-1 用 Write To Spreadsheet File.vi 进行文件写操作。

说明:该函数可以完成对.txt 和.xls 等类型文件的创建或添加数据操作(见图 7-1)。根据端子 append to file? 判断操作类型;数据可以是 1 维数据或是 2 维数据;如果路径端子未接会自动提示让用户选择路径和文件名,要输入带有有效扩展名的文件名;根据端子 transpose?,可选择行向量形式存储或是列向量形式存储。图 7-2 为.txt 形式的 2 维数据和.xls 形式的 1 维数据。

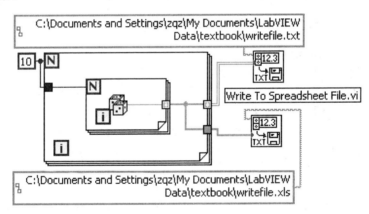

图 7-1 向.txt 和.xls 文件写 1D 和 2D 数据

读文件是与写文件相对的过程,Read From Spreadsheet File.vi 的输入和输出端子如图 7-3 所示,其中输入端子 format 用来指定读取文件的格式,具体可参见其相关帮助。

7.1.2 二进制文件

二进制文件和文本文件相比,在操作与空间占用上就显得非常有效率。首先,二进制文件是机器语言,在向硬盘读取数据过程中不必进行数据转换,而文本文件不仅要转换为 ASCII 码,可能还要进行二进制到十进制的转换。7.1.1 节也已经对比过二进制相对于十进制在空间占用上的优势。

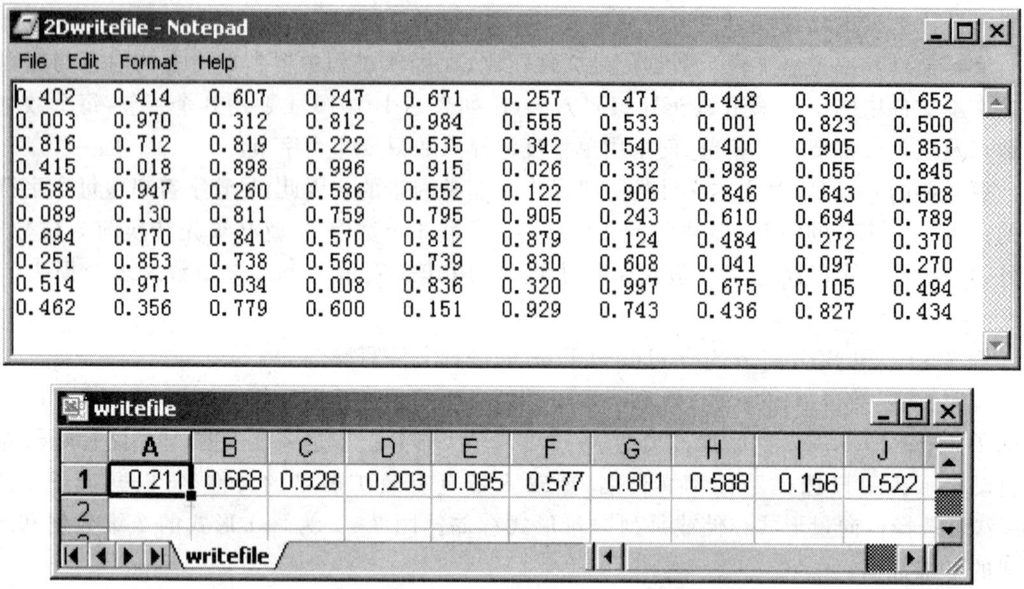

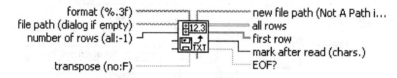

图7-2 .txt形式的2维数据和.xls形式的1维数据

Read From Spreadsheet File.vi

图7-3 Read From Spreadsheet File.vi 的输入和输出

文本文件和二进制文件都是字节流文件,就是按照一定的次序存储字符或字节。

但是二进制文件总是没有文本文件直观,所以在进行二进制类型文件读取时,就必须知道存储的数据类型、字节数计算和标题信息等。由于二进制文件不是通用的文件,还要考虑产生的文件是由 LabVIEW 本身来读回,还是供其他可以进行二进制文件读取的程序操作,如 MATLAB 和 HiQ 等。

例7-2 二进制文件的读取。

说明:把上例中的文本文件以二进制的形式(单精度)重新写回磁盘,再用二进制的形式读回。这里需要注意的是,在读回的过程中,还要以单精度读回。单精度二进制数的读写如图7-4所示。注:每个单精度数占用4个字节。

7.1.3 数据记录文件

数据记录文件(Datalog)是 LabVIEW 中特有的一个数据类型,用来快速且简单地访问并

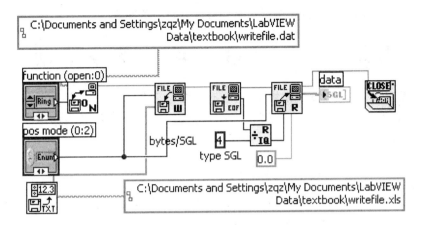

图 7-4　单精度二进制数的读写

存储复杂的数据结构。

一个数据记录文件按照一定的次序记录同一结构的数据,每个记录都必须有相同的数据类型,但每个记录中所包括的元素可以是不同的数据类型,LabVIEW 把每一个记录以簇的形式进行存储。

例如,数据记录文件其记录的数据类型是一个由一个数字型对象和字符串组成的簇,形如(1,"A")和(2,"B")的数据记录文件都是符合要求的。

例 7-3　创建数据记录文件。

说明:建立一个数据记录文件,每一个记录是由字符串和一个数值型数组构成的簇,字符串内保存的是数据采集的时间,数组内保存的是每次采集来的数据。图 7-5 是用数据记录文件并保存测量数据及时间。

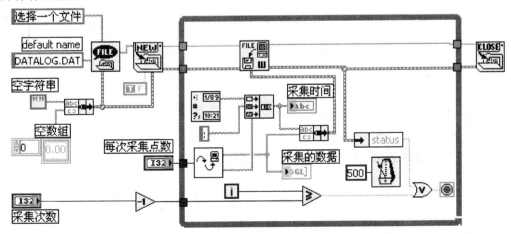

图 7-5　用数据记录文件保存测量数据及时间

只要知道记录的组成方式,数据记录文件的读取也不难实现。

7.2 文件 I/O 的操作节点分类

在 LabVIEW 的文件 I/O 子模板中,包含有很多函数节点。根据使用的难易程度和使用的目的可分为普通操作节点、底层操作节点和高级操作节点。其中,普通操作节点是最容易掌握,使用也是最多的。

7.2.1 文件 I/O 的普通操作节点

采用文件路径方式来定位文件的节点(即函数节点的输入端中的一个为 File Path)就是普通文件 I/O 操作节点。使用这个节点,可以完成最一般的文件操作,比如:
(1) 从文本类型文件读取或向其写入多个字符;
(2) 从文本类型文件中读取一行或多行字符;
(3) 把单精度数的 1 维或 2 维数组定性写入文本文件或从其读回;
(4) 把单精度数或是 16 位有符号整数的 1 维或 2 维数组写入二进制文件或从其读回。

在程序中使用这些普通操作节点效率会提高很多,因为这些 VI 都包括了一系列的操作,比如在执行过程中需要的打开文件及关闭文件操作等。但是,要避免在循环中使用这类的函数节点,因为在循环中每次执行到这类的函数节点,就会重复执行"打开"再"关闭"文件的操作。

如果,这类节点的输入端 File Path 没有连接任何路径的话,程序执行的时候会弹出一个对话框对用户进行引导和提示,选定要读或写的文件。

例 7-3 就是用普通操作节点进行文件操作的例子。

7.2.2 文件 I/O 的底层和高级操作节点

与普通操作节点包含一系列的操作不同的是,文件 I/O 的底层和高级操作节点所包含的文件节点的操作都是单一的,即每个 VI 只完成一个操作,且是用文件序号来定位文件,比如:
(1) 打开、关闭、读或写文件;
(2) 创建目录、移动、复制和删除文件;
(3) 列表当前目录文件;
(4) 改变文件属性和路径控制等。

7.3 特殊的数据记录格式

LabVIEW 中还采用波形文件和测试数据文件等进行数据记录。

7.3.1 波形文件的操作

在 LabVIEW 的函数模板中,还有一个模板称为波形模板。其中的函数都是与模拟波形或数字波形有关的操作,如图 7-6 所示。

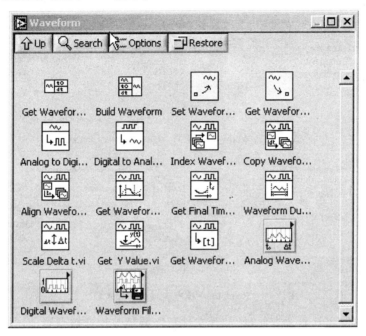

图 7-6 波形操作子模板

波形文件实质上是一种特殊结构的数据记录文件,文件中包括波形的起始时间 t_0、采集间隔 dt 和采集的数据 y 等三类重要信息。

与波形文件操作有关的节点集中在波形子模板的右下角,单独有一个 Wavefor File I/O 的下一级模板,其中有三个节点:

(1) Write Waveforms to File.vi,产生一个新的波形文件或是追加波形数据在一个已存在的波形文件后面,并关闭文件检查错误。

(2) Read Waveform from File.vi,打开一个波形文件,读取其中的一个波形记录,一个记录可以包括一个或多个波形。

(3) Export Waveforms to Spreadsheet File.vi,把现存的波形文件转化为一个文本文件。

7.3.2 测量数据文件

使用 LabVIEW 的测量数据文件来保存 Write LabVIEW Measurement File.vi(LabVIEW7 开始新增加的一个快速 VI,如图 7-7 所示)产生的测量数据。该数据文件是一种以

制表符为分隔符的 *.lvm 类型的文本文件，除了可以在 LabVIEW 中用 Read LabVIEW Measurement File.vi 打开（见图 7-8），还可以用 Excel、Notepad、Wordpad 等文本编辑程序直接打开。该文件中不仅包含数据，还包括与该数据有关的大量信息，如数据产生的时间、采样数、操作者和起始点等。

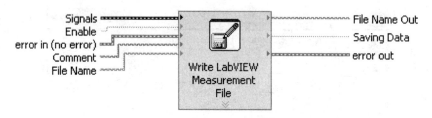

图 7-7 Write LabVIEW Measurement File.vi

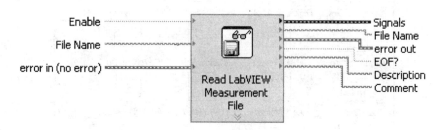

图 7-8 Read LabVIEW Measurement File.vi

这两个 VI 的使用都非常方便，比如写文件只需要把数据连接到该 VI 的 Signal 端，目标文件的位置和名称可以在其属性窗口中进行设置或是直接在程序中设置。

7.3.3 标准测试格式文件与 TDM

测试工程师经常要花费大量的时间去处理大量格式不一致的数据文件。由于这些文件来源不同，缺少必要的属性描述，从而在计算机中形成了一个很难被读写的死区，使许多用户降低开发效率的同时提高了成本。所以，一种高效统一的数据格式成为测试领域迫切的需求。

为此，NI 公司定义了 Technical Data Management 数据模型，简称为 TDM。TDM 读写的实现可由 NI 公司开发的多种接口完成，包括 LabVIEW、LabVIEW Real-Time、LabWindows™/CVI、LabWindows™/CVI Real-Time 以及 DIAdem。这些接口不仅能将结构化数据存储的复杂性抽象化，而且更方便在添加测试或模拟数据的同时添加描述信息。这些附加的描述信息实现了 TDM 文件的检索，将技术数据进行可靠备份。另外，还附加了常用的 C 语言库，附加了将 TDM 文件读入 Microsoft Excel 功能，以及在其他工具和编程环境中读写 TDM 文件的功能。

随着应用技术的发展，相信会有一种标准的测试格式文件被广大工程师逐步认可。

7.4 用数据库保存测试数据

数据库是指长期储存在计算机内的、有组织的、可共享的数据集合。数据库中的数据按一定的数据模型组织、描述和储存，具有较小的冗余度、较高的数据独立性和易扩展性，并可为各种用户共享。

数据库是依照某种数据模型组织起来并存放于二级存储器中的数据集合。这种数据集合具有如下特点：尽可能不重复，其数据结构独立于使用它的应用程序，对数据的增、删、改和检索由统一软件进行管理和控制。从发展的历史看，数据库是数据管理的高级阶段，它是由文件管理系统发展起来的。

测试系统的数据量大，数据库是一种有效管理手段。在 LabVIEW 中可以使用 SQL 语句对数据库进行操作，非常方便高效，如图 7-9 所示。

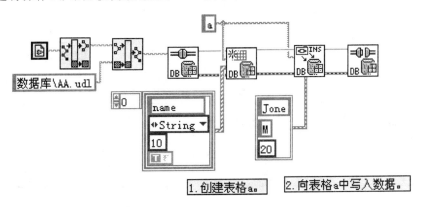

图 7-9 向 ACCESS 数据库写入数据

7.5 生成测试报告

测试报告是把测试的基本信息、环境参数、条件参数、过程和相应的测试结果记录下来的文档，利用测试报告针对被测产品或测试系统存在的问题和缺陷进行分析，为改进系统与评价被测产品的质量问题提供了依据。

测试的基本信息包括人员、时间、地点、设备及产品型号、生产批次和识别号等，有时还要加上使用的测试标准。

测试的环境参数包括大气温度、湿度、真空度和照度等。

测试的条件参数包括供电电压或电流、压力、流量和位移等，依据不同产品而不同。

测试的过程要详细记录测试的步骤及测试过程中发生的情况，供分析测试结果使用。

测试报告中通常要通过文字、表格和各类图示对测试结果进行描述,以使测试结果更加直观。

以微软的 Word、Excel 为基础生成的报告可以非常方便地进行编辑和浏览。如果想构建网络化的测试系统,HTML 格式的报告则显得非常适用。

7.5.1 利用 MS OFFICE 生成报告

利用微软的 Office 软件包中的 Word 和 Excel 可以非常方便地生成各类测试报告,可以在指定的位置插入文字、表格和图表,并对图表的格式进行控制。

借助 LabVIEW 的 Report Generation 工具包,这两种类型的报告都可以非常容易的实现。实现的过程和方法也比较相似,读者可以根据测试需求等来决定选择相应的报告格式。下面分别给出向 Word(见图 7-10)和 Excel 文件(见图 7-11)输出报告的程序。

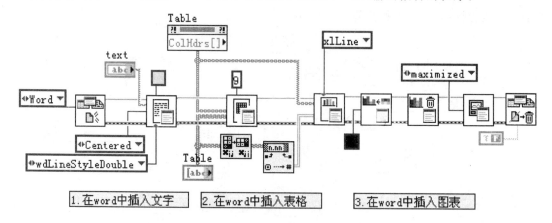

图 7-10 向 Word 文件中输出测试报告

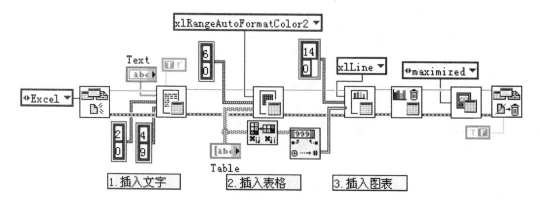

图 7-11 向 Excel 文件中输出测试报告

输出到 Word 文件的运行结果如图 7-12 所示。输出到 Excel 格式的测试报告如图 7-13 所示。

Description: the purpose of this example is to show how to use the high-level Word specific VIs to generate a test report.

Test	Param. 1	Param. 2	Param. 3	Param. 4	Param. 5
1	1.5	5.6	5.6	7.9	4.6
2	2.5	7.6	6.5	7.2	7.5
3	6.8	9.1	4.2	6.2	6.1
4	6.7	7.1	7.2	1.0	8.3
5	6.4	4.3	9.2	5.8	4.2
6	8.6	8.2	4.3	8.6	4.5

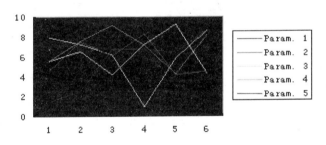

图 7-12 Word 格式测试报告

7.5.2 HTML 格式的报告

超文本置标语言(Hyper Text Markup Language,简称为 HTML)是为网页创建和其他可在网页浏览器中看到的信息设计的一种置标语言。

随着网络技术的发展,网络化的测试系统的需求日益增加。测试人员身处 A 地,通过网络对 B 地的测试设备进行控制,查看测试结果,已经成为现实。同时也对测试报告提出了网络化要求,HTML 格式的报告则是首选。

在 LabVIEW 中,生成 HTML 格式的报告也是很方便的,如图 7-14 所示。

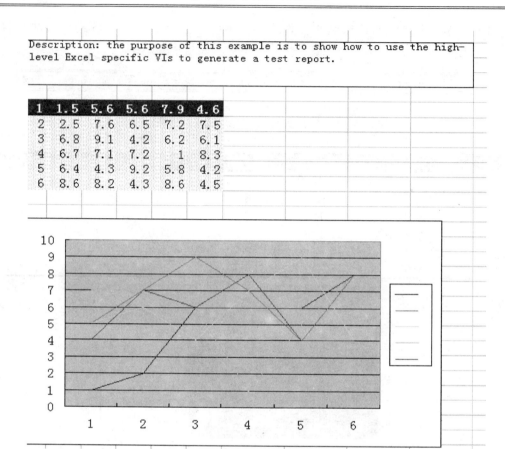

图7-13 Excel 格式测试报告

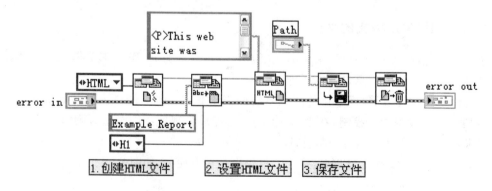

图7-14 生成 HTML 格式测试报告

第 8 章 仪器控制

在构建复杂测试系统的过程中,往往要根据测试的需要配置测试所需要的多种不同类型仪器,有些仪器是模块化仪器,比如基于 PXI 或者 PCI 总线的仪器;另外还有很多仪器带有 IEEE488 接口(GPIB 接口)或者串口,属于可编程仪器,并可以通过特定的电缆将计算机(应配有相应的接口)与仪器相连,从而控制仪器。

本章主要讲述如何使用仪器驱动和 VISA(Virtual Instrument Software Architecture,虚拟仪器软件体系结构)与仪器进行通信,即发送控制指令,查询仪器状态和接收测试数据。

新一代的可编程仪器基本使用 SCPI(Standard Commands for Programmable Instruments),即可编程仪器标准命令。

SCPI 是一种建立在现有标准 IEEE488.1 和 IEEE488.2 的基础上,并遵循了 IEEE754 标准中浮点运算规则、ISO646 信息交换 7 位编码符号(相当于 ASCII 编程)等多种标准的标准化仪器编程语言。它采用一套树状分层结构的命令集,提出了一个具有普遍性的通用仪器模型,采用面向信号的测量;它的助记符产生规则简单明确且易于记忆;包括通用指令和仪器专用指令。SCPI 使 ASCII 命令串标准化,而且可用来对任何该类仪器编程。编程者不需要学习来自每个厂商的每种类型仪器的不同命令信息,只需要学习一个命令集即可。

目前,还有大量生产年代较早的可编程仪器,由于各种原因仍被使用。这类仪器必须采用其特有的指令集,才可以对其进行控制。

本章讨论如不特殊说明,均以 SCPI 为基础。

8.1 仪器控制概述

当测试工程师使用一台计算机来控制一个自动测试系统时,所需要控制的仪器类型不能受到限制,如 GPIB、串口、PXI 和 USB 仪器等。

当使用计算机控制仪器时,对仪器需要做以下了解:

(1) 仪器上连接器(插脚引线)的类型;
(2) 所需要的电缆种类(有无调制解调器,引脚数和阳极/阴极);
(3) 所涉及的电气性质(信号电平高低,接地,电缆长度限制);
(4) 所使用的通信协议(ASCII 命令,二进制命令,数据格式);
(5) 可用的软件驱动种类。

仪器和计算机之间传送命令和数据,需要提供必要的仪器驱动。仪器驱动是一套控制可编程仪器的软件程序。每个程序都与一个规定的操作相对应,例如配置、读取、写入或触发仪器。仪器驱动省去了学习每个仪器编程协议的需要,从而简化了仪器控制并减少了测试程序运行时间。

在 LabVIEW 的仪器驱动库中,包含多种可编程仪器的仪器驱动,其中包括 GPIB(General Purpose Interface Bus)、VXI(VME eXtensions for Instruments)和 RS-232/422 驱动。

LabVIEW 仪器驱动通常使用 VISA 函数来实现仪器之间的通信。VISA 是与仪器对话时使用的下层协议。编程者可以在很多不同仪器类型中使用 VISA,例如 GPIB、串口、PXI(Peripheral Component Interconnect eXtensions for Instruments)和 VXI。一旦编程者学会了如何使用 VISA 与一类仪器进行通信,那么当使用另一类仪器时就不需要学习另一种不同的方法了。而编程者不得不学习的是关于两台仪器的特有命令集,但是发送和接收命令的方法是不变的。

8.1.1 仪器的驱动

图 8-1 表示了一个典型的仪器驱动的组织结构。

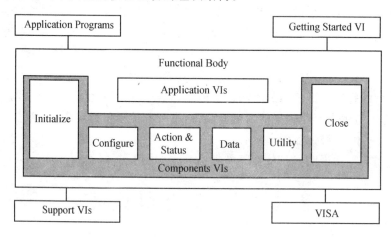

图 8-1 仪器驱动模型

使用"Getting Started VI"来验证计算机与一台或多台仪器之间的通信是否可以成功建立。"Getting Started VI"包括三个子 VI:"Initialize VI"、"Application VI"与"Close VI"。

- "Initialize VI"是编程者调用的第一个仪器驱动 VI,它建立了与仪器之间的通信。
- "Application VI"是把低层成分函数组合在一起的高级例程,执行一个典型的规定仪器操作。例如对仪器进行配置、触发或进行一次测量。它包括如下 4 个 VI:
- "Configuration VI"是一些软件程序的组合体,用它来配置仪器,执行编程者想要的操作。
- "Action VI"初始化或是终止测试和测量操作,例如触发系统或是生成一个触发。

"Action VI"与"Configuration VI"不同,因为"Action VI"不能改变仪器的设置,而是在当前配置的基础上命令仪器执行一个动作。"Status VI"能够获得仪器的当前状态或是即将执行操作的状态。

- "Data VI"向仪器传送数据或是从仪器读回数据。
- "Utility VI"执行多种操作,这些操作对最常用的仪器驱动 VI 起到辅助作用。这些 VI 包括大量仪器驱动模板 VI,如重启、自检、修正、错误询问和错误信息。"Utility VI"也可能包括其他自定义的仪器驱动 VI,它执行校准、存储和调取设置等一些操作。
- "Close VI"终止与仪器的软件连接并且释放系统资源。

8.1.2 仪器驱动的类型

在 LabVIEW 中存在三种常见的控制仪器的仪器驱动。分别为:

1. LabVIEW 即插即用驱动

LabVIEW 即插即用仪器驱动是一套控制可编程仪器以及与其通信的 VI。每个 VI 都与一个可编程操作相对应,例如配置、读取、写入或触发一台仪器。LabVIEW 即插即用仪器驱动包括错误处理、前面板、程序框图、图标和在线帮助。因为 LabVIEW 即插即用驱动保持一个公有的体系结构和接口,编程者可以迅速连接上仪器并与其进行通信,而很少或是不需要再进行任何编码。

2. IVI(Interchangeable Virtual Instruments)驱动

IVI 驱动是更加高级的驱动,它具有仿真和仪器可互换功能。利用 IVI 驱动,测试工程师编写的一个程序,可以不加修改的用于另外一台类似的仪器上。例如编程者可以写一个示波器控制 VI,它可以用于不同厂商或不同类型的示波器,而这些示波器可以使用不同的总线连接。为了完成可互换性,IVI 联盟制定了 IVI 标准,定义了如下仪器类别的规范:DMM(Digital Multimeter,数字万用表)、示波器、任意波形/函数发生器、DC 电源、开关、功率计、频谱分析仪和 RF 信号发生器。

图 8-2 是一个典型的电源控制程序,适用于符合 IVI 标准的所有电源。

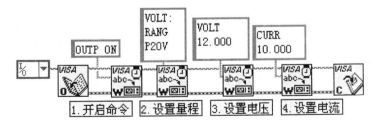

图 8-2 直流电源控制的程序

3. 免费仪器驱动

是由一些仪器生产商提供的驱动，用于开发测试程序，这些 VI 在 NI 公司的网站或者仪器生产商的网站上可以找到。

8.2 通信仪器软件框架 VISA

VISA 是一个用于仪器编程的标准输入/输出应用程序接口（API）。VISA 可以控制 GPIB、串口、以太网、PXI 和 VXI 仪器，根据所使用仪器的类型自动调用合适的驱动。

通过 VISA 与仪器进行的通信包括两种类型：基于消息的通信和基于寄存器的通信。

1. 基于消息的通信

GPIB、串口、以太网和一些 VXI 仪器使用基于消息的通信。编程者使用高层 ASCII 字符串对基于消息的仪器进行编程。仪器有一个本地的处理器，它对命令串进行解析，并且设置适当的寄存器位执行想要的操作。最常见的基于消息的函数有"VISA Read"、"VISA Write"、"VISA Assert Trigger"、"VISA Clear"和"VISA Read STB"。

2. 基于寄存器的通信

PXI 和很多 VXI 仪器使用基于寄存器的通信。编程者在底层直接对仪器的寄存器进行编程，它使用二进制信息直接写入仪器控制寄存器。这类通信的优点是速度快，因为仪器不再需要对命令串进行解析，而把信息转换到寄存器层编程。最常见的基于寄存器的函数有"VISA In"、"VISA Out"、"VISA Move In"和"VISA Move Out"。

8.2.1 GPIB 仪器的控制

GPIB 接口是通用可程控仪器的标准接口，比如电源、示波器和频谱仪等。遗憾的是，GPIB 仪器经常被用作一个孤立的仪器而独立使用，而且大部分的使用者都只是手工来控制仪器完成测量任务。有的测试过程烦琐（一个测试流程可能要几十条或者上百条指令），操作不便，保存测试数据也不方便。编程者完全可以通过使用一台计算机来控制一台或者多台 GPIB 仪器，从而自动完成测量，效率大大提高。

1. GPIB 系统中的控者、讲者和听者

为了决定在某一时刻，系统中哪个设备主动控制着总线，GPIB 协议把设备分类为控者、讲者和听者。每个设备都有一个唯一的在 0~30 之间的 GPIB 初始地址。控者规定通信链路，对请求服务的设备做出回应，发送 GPIB 命令和发送/接收总线控制。控者指示讲者谈话和向 GPIB 总线上传数据。编程者每次只可以指定一个设备地址讲话。控者指示听者在某地址监听以及从 GPIB 总线上读取数据。可以指定多个设备地址进行监听。

2. GPIB 的硬件规范

GPIB 是一个数字的 24 位并行总线。它包括 8 条数据线（DIO1~DIO8），5 条总线管理线

(EOI,IFC,SRQ,ATN,REN),3 条握手线(DAV,NRFD,NDAC)和 8 条地线。GPIB 使用 8 位并行、字节串行、异步数据传递方式,这表明所有字节都以一定速度沿着总线相继"握手",而这个速度是由在传递中最慢的参与者来决定的。由于 GPIB 中数据单位是一个字节(8 位),因此所传递的信息常编成 ASCII 码字符串。

GPIB 系统中的若干限制:
(1) 在两个仪器之间最大分隔距离为 4 m,整个总线的平均分隔距离为 2 m。
(2) 电缆长度最大值为 20 m。
(3) 每个总线最多连接 15 台仪器,并至少有 2/3 的仪器处于开机状态。

如果超过了以上任何一种限制,可以使用额外的硬件来扩展总线电缆长度,或是扩展设备的允许数量。

8.2.2 RS-232 仪器的控制

串行通信在计算机和外围设备如一台可编程仪器或是另一台计算机之间传递数据。串行通信使用发射机在一个单独的通信链路上向接收机一次发送一位数据。当数据传递速度很低或是必须沿着远距离传递数据时使用这个方法。多数计算机有一个或是更多的串口,因此除了连接仪器和计算机之间或是两台计算机之间的电缆,不需要任何额外硬件。

编程者必须规定串口通信的四个参数:波特率、数据位、奇偶位和停止位。一个字符帧包含每个发送字符,它作为一个单独的开始位,随后是数据位。

如果在一个系统中有一台串行设备,那么编程者首先要获得这台设备的插脚引线,确保连接串行设备和计算机之间的电缆正确。确定设备是数据通信设备(DCE)还是数据终端设备(DTE),以及它通信要使用什么参数设置——波特率、数据位、停止位和奇偶校验位等。

如下是最常见的串口通信标准:

(1) RS-232(ANSI/EIA-232 标准) 该标准有很多用途,如连接鼠标、打印机或是调制解调器。RS-232 也用在工业使用仪器上。由于驱动和电缆的改进,应用经常会提高 RS-232 的性能,它的距离和速度已经超出了标准中列出的范围。RS-232 仅限于计算机串口和设备之间的点到点连接。

(2) RS-422(AIA RS-422A 标准) 为改进 RS-232 通信距离短、速率低的缺点,RS-422 定义了一种平衡通信接口,将传输速率提高到 10 Mb/s,传输距离延长到 4 000 英尺(1219.2 m,速率低于 100 kb/s 时),并允许在一条平衡总线上连接最多 10 个接收器。RS-422 是一种单机发送、多机接收的单向、平衡传输规范。

(3) RS-485(EIA-485 标准) 为扩展应用范围,EIA 于 1983 年在 RS-422 基础上制定了 RS-485 标准,增加了多点、双向通信能力,即允许多个发送器连接到同一条总线上,同时增加了发送器的驱动能力和冲突保护特性,扩展了总线共模范围。它允许一个端口最多连接到 32 个仪器上,并且定义了必要的电特性,来确保在最大负载之下有足够的信号电压值。噪声抑制和多支路容量使 RS-485 在工业应用上更有吸引力,因为工业应用为了数据集成或是其他操作,需要很多分布式的设备与一台计算机或是其他控制者联网。

(4) Universal Serial Bus(通用串行总线) 简称 USB,是目前计算机上应用较广泛的接口规范。USB 接口是一种四针接口,其中间两个针传输数据,旁边两个针给外设供电,可提供 5 V 电源。USB 接口速度快、连接简单、不需要外接电源,传输速度 12 Mb/s(采用屏蔽电缆,非屏蔽电缆速度为 1.5 Mb/s),最新 USB2.0 可达 480 Mb/s;电缆最大长度 5 m;USB 通过串联方式最多可串接 127 个设备;支持热插拔。

8.3 仪器控制的程序设计

8.3.1 仪器通信的验证

测试工程师可采用一些经验测试手段来验证与仪器能够进行通信,也可以来测试一个典型的可编程仪器的操作。常用的验证方式为,用一个询问和解析步骤,并向仪器发送一个身份认证命令(大多数仪器使用 *IDN?)。如果仪器回应,说明已经建立了通信。如果仪器返回一个超时错误,确定一下仪器是否与计算机正确连接,电源是否打开和是否正确设置。

以下是一些与仪器通信失败的常见原因:

(1) 仪器不恰当的连接或配置。

(2) NI-VISA 没安装。若安装 LabVIEW 时没有安装 NI-VISA,那在使用 LabVIEW 来验证其与一台仪器通信之前必须安装它。

(3) 仪器地址不正确。Getting Started VI 需要一台仪器的正确地址。如果编程者不确定仪器的地址,使用 MAX 或"VISA Find Resource"函数来确定仪器地址。仪器说明书或者仪器面板操作也可以进行查询。

(4) 仪器驱动不支持所使用仪器的确切型号。

1. 仪器输入/输出助手

使用"Instrument I/O Assistant",即仪器输入/输出助手与 GPIB、串口或是以太网仪器完成通信任务。"仪器输入/输出助手"把仪器通信组织成顺序步骤。编程者可以使用"仪器输入/输出助手"向仪器发送一个询问,来证实与该仪器是否建立了通信。

"Instrument I/O Assistant Express VI"位于程序框图中,由此使用"仪器输入/输出助手"。

2. VISA 通信的校验

如果在 LabVIEW 中没有 VISA VI 或是仪器驱动可以使用,那么就使用"VISA Find Resource"函数。这个函数不需要其他任何 VISA VI 或是程序框图中的函数就可以运行。如果"VISA Find Resource"函数返回错误,则最大的可能是 VISA 安装了错误版本或是 VISA 安装不正确。如果"VISA Find Resource"函数正确执行,则表明 LabVIEW 与 VISA 驱动正常工作了,这时编程者则需要证实 LabVIEW 中哪个 VI 序列产生了错误。

如果一个简单的事件序列发生了错误,就使用"VISA Interactive Control"(VISAIC),尝试相同的事件序列。选择 Start→National Instruments→VISA Interactive Control 来使用 VISAIC,也可以在 MAX 中选择 Tools→VISA→VISA Interactive Control 来启动 VISAIC。

如果交互工具中能够正常工作,但是在 LabVIEW 中的相同事件序列却不能,那么可能 LabVIEW 与 VISA 驱动相互作用有问题。如果在 VISAIC 中事件序列出现了相同的问题,可能在驱动 VISA 调用中的某一个存在问题。

3. "Getting Started VI"

"Getting Started VI"可以证实与仪器的通信,并测试一个典型的可编程仪器操作。在 "Getting Started VI"中说明和设置每个控制。除了地址区域,这个 VI 的大多数默认控制设置通常足够第一次运行这个 VI 了。如果不知道仪器的地址,可以使用 MAX 查找。

在运行这个 VI 之后,检验它返回所期望类型的数据,并且在错误簇中没有错误报告。

为测量定制"Getting Started VI":在使用"Getting Started VI"来证实基本通信之后,编程者可以根据仪器控制的需要对 VI 进行编辑。在编辑 VI 之前,通过选择 File→Save As 来保存它的一个副本。选择 Operate→Make Current Values Default 在前面板改变默认值。程序框图改变可能包括与 Application VI 或是其他子 VI 连接的常数的改变。

8.3.2 仪器驱动的输入输出

正如所有仪器驱动共享一套统一的函数一样,它们也需要共享统一的输入和输出格式。

1. 源名字/仪器描述符

当编程者用 Initialize Instrument Driver VI 初始一台仪器时,需要知道源名字或是仪器描述符。源名字是 VISA 的别名,或是 IVI 逻辑名字。仪器描述符是准确名字和源的位置,并有如下格式:

Interface Type [boardindex] ::Address::INSTR

例如,当编程者与设备地址为 2 的仪器通信使用第一个 GPIB 卡时,GPIB0::2::INSTR 是仪器的描述符。

2. 错误输入/错误输出簇

LabVIEW 中仪器驱动 VI 的错误处理与其他输入/输出 VI 的错误处理类似。每个仪器驱动 VI 包括一个 Error in 输入和一个 Error out 输出,来把错误簇从一个 VI 传到另一个。错误簇包含一个布尔标志,它来表示是否有错误发生,还有一个错误代码和一个表示错误发生的 VI 位置的字符串。

8.3.3 编写 VISA 应用

对于大多数简单的仪器应用来说,编程者只需要两个函数:"VISA Write"和"VISA

Read",如图8-3所示。

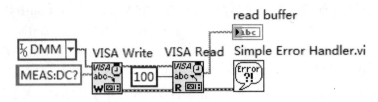

图8-3 简单的VISA读写应用

VISA源名字常数指定哪个仪器可用。"VISA Write"函数决定是否一个索引已经与特定仪器建立起来。如果索引不存在,索引自动打开,VISA Write VI向仪器发送字符串"MEAS:DC?"。

编程者可以把"VISA Write"函数的VISA源名字输出端与"VISA Read"函数相连接,来指定该仪器来读。根据实验的需要,编程者可以将从"VISA Read"函数返回的输出进行处理和显示。"Simple Error Handler VI"处理发生在VISA函数中的一些错误。

1. "VISA性质"的使用

VISA源有多种性质(属性),这些性质编程者可以通过一些值对其进行读或设置。编程者可以使用Property Node来读取或是设置VISA性质的值。

在程序框图中编程者放置了一个Property Node之后,把一个VISA进程和Property Node的路径输入端相连。一旦一个进程与Property Node的进程输入端相连了,LabVIEW将会设置VISA类,把它与进程联系起来。

为了改变VISA类别,右击Property Node,然后从快捷菜单中选择Select Class→VISA→I/O Session。默认的是INSTR类别,它包括所有VISA属性。类别会限制显示在快捷菜单中的性质,即与所选类别相关的属性显示出来,而不是全部VISA属性都显示。

有两个VISA属性的基本类型:全局属性和本地属性。全局属性是特定于一个源的,本地属性是特定于一个进程的;全局属性将应用于针对该源打开的所有进程,而本地属性是一个针对特定源的单独进程而不同的属性。

2. "VISA事件"的使用

事件是在源和其应用之间进行VISA通信的一种方法。在这个事件中,源会通知该应用;一些需要该应用执行操作的条件已经具备了。

处理GPIB SRQ事件例子:图8-4中的程序框图中使用了VISA来处理GPIB服务请求(SRQ)事件。

图8-4中的VI使能服务请求事件和对仪器写入一个命令串。这个VI期望当仪器处理了这个命令串的时候,回应一个SRQ。"Wait for SRQ VI"对SRQ事件的发生等待上最多10秒。在SRQ发生之后,"VISA Read"函数读取仪器状态字节。必须在GPIB SRQ事件发生或

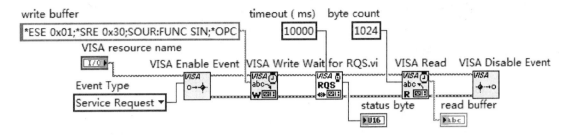

图 8-4　GPIB 服务请求事件处理

是没有正确接收迟一些的 SRQ 事件之后 VI 才读取状态字节。VI 读取仪器的回应并显示回应。

8.3.4　仪器数据与指令的控制技术

仪器通信包括向仪器发送数据和取回数据。当使用仪器驱动时,编程者很少需要对发送和取回的数据进行格式化,因为仪器驱动会进行格式化处理。但是,当与仪器进行写入 VI 通信时,编程者可能需要对数据进行格式化。

当与一台基于消息的仪器进行通信时,编程者需要对仪器格式化和建立正确的命令串,来执行适当的操作或是返回一个回应。

对于基于寄存器的仪器通信是不存在标准的。每个设备操作不同,而仪器文档是学习如何对设备编程最佳途径。

典型地,一个命令串或询问,是由文本和数值组合而成的。一些仪器支持纯文本的命令串,则需要把数值转换成文本,然后把它们添加到命令串中。类似地,在 LabVIEW 中使用仪器返回的数据,编程者必须把它们转换成一个 VI、函数或是指示控件可以接受的格式。

1. "仪器输入/输出助手"的数据操作使用

编程者可以使用"仪器输入/输出助手"来向一台仪器发送询问,格式化仪器返回的数据。在程序框图中放置"Instrument I/O Express VI"就可以使用"仪器输入/输出助手"了。

2. 把命令格式化成字符串

使用"Format Into String"函数,可以建立命令字符串,然后发送到一台仪器。编程者可以使用"Format Into String"函数获得一个初始字符串,然后把其他字符串或是数值型数据添入其中。

图 8-5 所示的程序框图把文本和数值格式化成了一个命令字符串。

"Format Into String"函数创建了一个字符串——SET 5.50 VOLTS,"VISA Write VI"接收这个字符串,作为一个命令,来设置仪器产生 5.5 V 电压。SET 是信息头,VOLTS 是信息尾。

3. 从仪器取回数据的格式化

正如向仪器发送的命令串包含头部和尾部一样，多数仪器返回数据也包含头部和/或尾部。一般头部包含如返回数据位数或是仪器设置的信息。尾部信息通常在数据串的尾部，包括单位或是其他仪器设置。仪器文档中描述了针对各种数据转换所需要的什么样的头部和尾部的信息。编程者在LabVIEW中显示和分析返回的数据之前，必须首先移除头部和尾部的信息。

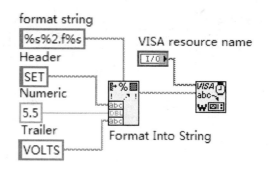

图8-5　把文本和数值格式化成一个命令字符串

图8-6中的程序框图发送了一个命令来返回从仪器读回的一个电压值。"VISA Read"函数把读回的值返回成一个字符串。在这个例子中，假设仪器返回一个响应，例如"VOLTS：DC 12.3456789 volts"。两个"String Subset"函数把在字符串中的头部和尾部信息分解出来，然后把它们显示在字符串指示控件中。"Scan From String"函数把数据从字符串中分解出来。常量9连接到"Scan From String"函数的"offset"输入端，来移除字符串中的头部信息。仪器不同，命令也就不同，图8-6只是其中一例。

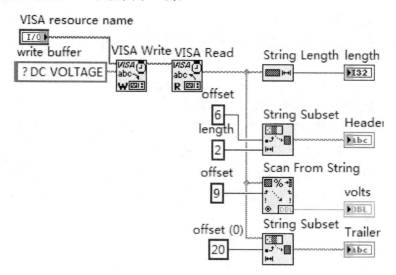

图8-6　通过命令从仪器读回电压值

4. 波形转换

仪器也可以用其他格式返回数据，如ASCII、1字节二进制和2字节二进制格式。仪器描述了可用的格式和如何把每种格式转换成有用的数据。

(1) ASCII 波形 如果一台仪器以 ASCII 格式返回数据,那么编程者可以把数据看成一个字符串。但是,如果编程者需要数值型来处理数据,或是需要把数据用图表表示,那么必须把字符串数据转换成数值型数据。举一个例子,一个波形由 1 024 个点组成,而且每个点都有一个 0~255 的值。使用 ASCII 编码,编程者需要一个 4 字节的最大值,来表现每个数据的值(3 字节的最大值来表示值,1 字节来表示分隔符,如逗号)。编程者需要一个 4 096 字节的最大值(4 字节×1 024)加上特定的头部和尾部字节,来把波形表示成一个 ASCII 字符串。

图 8-7 中的程序框图使用了"Extract Numbers VI",这是一个例子 VI,用来把"VISA Read"函数读回的 ASCII 字符串转换成一个数组。"Extract Numbers VI"在一个给定的 ASCII 字符串中找到所有的数字,并且返回一个单精度的数组。"Extract Numbers VI"自动忽略了在 ASCII 字符串开头的任何非数字字符,所以当编程者使用"Extract Numbers VI"时,就不需要移除头部信息了。

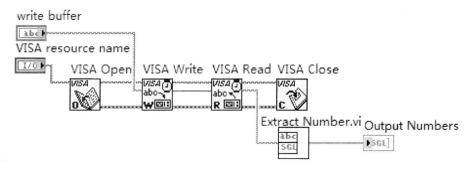

图 8-7 ASCII 波形

(2) 一字节二进制波形 一些仪器不能选择发送 ASCII 格式的数据或是发送二进制格式的所有波形数据。因为二进制格式没有标准存在,所以查阅仪器文档来准确决定如何使仪器存储数据值。一种常见的二进制格式是一字节二进制。用这个数据格式,仪器在发送前把每片数据转换成一个 8 位的二进制值。

当编程者从总线读回一字节的二进制数据时,仪器返回一个字符串数据。但是,字符并不显示出与期盼的数据相关。二进制数字被译成了 ASCII 字符值,并且显示了相应的字符。例如,如果发送 65 作为一个数据值,可以从总线读回字母 A。值 13,则没有可打印的 ASCII 字符存在,因为 13 对应着一个不可见的回车字符。

编程者可以右击指示控件,在快捷菜单中选择"\"Codes Display,来把这些不可见的字符显示在一个字符串指示控件中。回车字符在字符串指示控件中显示的是"\r"。

为了在"Analysis VI"的一个 ASCII 字符串中使用数值数据,或是为了在一个 graph 或是 chart 中显示数值数据,编程者必须把二进制字符串转化成数组。如果仪器发送一个二进制字符串,它包含 1 024 个 1 字节二进制编码值,波形只需要 1 024 字节加上任何头部信息。假设每个值是无符号的 8 位整数,使用二进制编码,则只需要 1 字节来显示每个数据值。

为了把二进制字符串转换成数组,首先要用"String Subset"函数来移除所有头部和尾部信息。然后可以使用"String To Byte Array"函数来把剩下的数据字符串转换成整数数组,如图 8-8 所示。

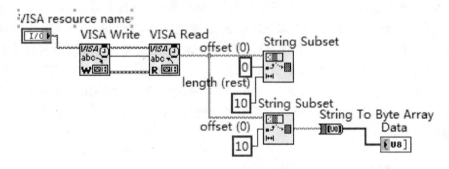

图 8-8 一字节二进制波形

注意:当获得了二进制数据时,使用数据大小来摘取数据的方法比寻找尾部信息的第一个字符的方法要好,因为字符可能是二进制值的一部分。

(3) 二字节二进制波形 当数据是二字节二进制形式,它是二进制的编码,它与一字节二进制格式类似,都以 ASCII 字符格式发送。然而,16 位的数据或是 2 个二进制字符就代表每个数据值。尽管这个格式使用的空间是一字节二进制格式的 2 倍,但是它比 ASCII 格式的数据更有效。

举一个例子,一台示波器以二进制符号传送波形数据。假设波形包含 1 024 的数值点,每个值都是一个二字节的有符号整数。因此,整个波形需要 2 048 字节加上一个 5 字节的头部和二字节的尾部。在移除 5 字节头部之后,使用"Type Cast"函数,来把波形字符串转换成一个 16 位的整数数组。

(4) 字节顺序 当数据转换成二字节的二进制格式时,了解接收字节的顺序是很重要的。2 字节合成 qH 对应整数值 29 000,但是相反的字节顺序 Hq 就对应整数值 18 545。

注意:编程者可以设置一些仪器的字节顺序,但是另外一些的仪器就有固定的顺序。关于特殊仪器字节信息,查阅仪器文档。如果先接收到高字节,在把它们转换成整数值之前必须把字节顺序反转过来。

第 9 章 分布式测试系统设计

随着集成电路技术、计算机软硬件技术及通信技术的不断发展,生产过程自动化程度也不断提高。工业控制和测试系统的发展趋势为控制对象和测试参数的多元化,而整个系统趋向分散化。为了对这些负载的状态或参数进行观察、测量和控制,分布式工业控制系统所需要的工业现场总线和各类无线通信协议也应运而生。

DAQ 设备可以结合各种工业总线形成分布式的数据采集和控制系统,而且随着计算机总线的发展,USB 总线、以太网、串行总线等也和工业现场总线一样在分布式的数据采集领域迅速应用起来。

9.1 工业现场总线与分布式 I/O 概述

工业总线按层次可分为:传感器级总线、设备级总线和现场总线。传感器级和设备级总线用于处理的对象主要包括各类传感器(温度传感器、压力传感器和行程开关)和执行器(继电器、接触器和电动气动阀门等),这类工业设备属于较低层次的工业网络;而现场总线是一种高层次的工业网络,用于完成一些过程控制器或现场仪表之间的通信。

分布式 I/O 一般理解上指的是在传感器级和设备级上的单元。

但在实际应用中,现场总线和设备级总线经常相互关联而不能完全区分,它们会完成相同或相近的功能,并同时存在于同一系统之中。

由于这一领域涉及的总线类型太多,本书仅会选择 CAN 和 LAN 等个别具有代表性的进行介绍。

9.1.1 工业现场总线

工业现场总线是用于过程控制现场的多个仪器仪表与主控制室之间的一个标准的、开放的数字通信系统,并向着全数字式现场总线为代表的互联规范方向发展,其内涵包括现场通信网络、现场设备互连、互操作性、分散功能模块和开放式互联网络。

采用工业现场总线使测控系统结构简单,安装高度便捷,并且易于维护,同时用户可以自由选择不同厂商的同一总线现场设备达到最佳的系统集成等一系列的优点,现场总线技术正越来越受到用户的重视。

多年来,工业现场总线背后蕴藏着巨大的商业利益,很难有统一国际标准,各大公司开发几十种各具特色的总线。例如德国 Bosch 公司的 CAN 和 Siemens 公司的 ProfiBus,Echelon

公司的 LONWorks，以及 ASI（Actratur Sensor Interface），MODBus，国际标准组织-基金会现场总线 FF（FieldBus Foundation），美国的 DeviceNet 与 ControlNet 等。

国际标准化组织经过 10 多年艰苦的协商、妥协及多轮投票，最终形成了 IEC61158 的现场总线标准（IEC，International Electrotechnical Commission，国际电工委员会），这个标准中包括了 20 个总线。然而，从数量众多的总线中选择一个适合的总线构建分布式控制系统，并非易事，通常可遵循以下原则进行筛选：

（1）系统规模　系统所需要的节点数、节点间的距离及驱动能力。

（2）工作环境　现场的安全防爆要求，电磁环境等。

（3）信号特点　传输信号的类型（模拟信号或数字信号），数据量传输的大小和系统对实时性的要求等。

（4）设备及总线互连　将仪表信号转换成和现场总线相兼容的通信信号，从而实现与现场总线网络的联接与通信。或将不同的现场总线集成一起，从而满足系统设计。

9.1.2　分布式 I/O

分布式 I/O 主要在工业控制系统中完成远程测量、工业控制和数据记录等功能。依据可靠的结构和工业标准，能够摆脱现场环境或距离的束缚，借助各种传感器和激励器执行测量。

分布式 I/O 产品线极其丰富，既包含基于 USB 和以太网的扩展 I/O，也包含基于各类工业现场总线的智能化控制和采集系统。分布式 I/O 产品为了集成于现有的设备，在以太网和串口上采用 Modbus/TCP 等工业协议。利用分布式 I/O 产品，即使在苛刻的电气和环境条件下，也能够稳定和可靠地采集数据。

9.2　CAN 总线

CAN（ControllerAreaNetwork）称为控制局域网，属于总线式通信网络。CAN 总线是德国 Bosch 公司从 20 世纪 80 年代初为解决现代汽车中众多的控制与测试仪器之间的数据交换而开发的一种串行数据通信协议。

目前，CAN 正在从汽车、火车、轮船等领域向一些其他新的领域进行渗透，例如，机械工业、智能建筑、机器人、医疗电子、家用电器和能源领域中都有 CAN 的应用。CAN 网络的具体应用包括大型建筑物的物理门禁系统、环境与照明控制、空调系统、警报系统、自动洒水装置、电梯、自动贩卖机、太阳能发电领域和电机控制系统等。未来，CAN 的应用范围还会继续迅速扩展，以至于任何一个需要稳定、可靠的低成本网络的系统或设备，都有可能成为 CAN 节点。

需要注意的是，CAN 总线不能用于对安全防爆要求高的场合。

9.2.1 CAN 的基本特点

CAN 是一个具有高可靠性并有效地支持分布式实时控制的串行通信协议。通信介质可采用廉价的双绞线，也可采用同轴电缆或光纤。通信速率可达 1 Mb/s。

CAN 总线主要有如下特性：

（1）多主广播通信机制　每个节点在任意时刻都将消息广播到网络中，其余节点会有选择的接收。

（2）数据块编码　数据块的标识码可由 11 位或 29 位二进制数组成，可分别定义多达 2^{11} 或 2^{29} 个不同的数据块，并可使不同的节点同时接收到相同的数据，适用于分布式控制系统。采用这种方法的优点可使网络内的节点个数在理论上不受限制，数据段长度最多为 8 个字节，可满足通常工业领域中控制命令、工作状态及测试数据的一般要求。同时，8 个字节不会占用总线时间过长，从而保证了通信的实时性。

（3）非破坏总线仲裁　CAN 为了管理总线访问，定义了基于协议的优先级，ID 值小的节点具有高优先级。当多个节点同时想传输消息时，CAN 总线会根据各个消息的 ID 作非破坏性的仲裁，ID 值大的节点会主动地退出发送，优先级高的节点则继续传输数据。

（4）错误检测和限制　CAN 协议定义了帧、比特填充和冗余检查（CRC）的特定格式。CAN 节点在错误帧的情况下具有自动关闭输出功能，而总线上其他节点的操作不受影响。

9.2.2 CAN 的基本程序设计

基于 CAN 总线的自动测试系统由计算机、CAN 接口卡和 CAN 子节点构成。CAN 接口卡主要完成由 PCI、PXI、PCMCIA、USB 等总线到 CAN 协议的转换。因此，CAN 接口卡也具有以上提及的各种类型。

LabVIEW 提供对 CAN 总线接口卡编程相关的模块，称为 CAN 驱动，这使得进行 CAN 总线编程变得非常方便。集成了 Channel 和 Frame 两类 API，用户可以自行选择。

每个 CAN 总线会话，都是按照"打开"→"动作"→"结束"的步骤来完成，即先打开并设定 CAN 和对象的网络接口，然后是 CAN 读取操作，最后关闭会话。

从 CAN 总线发送数据的例子如图 9-1 所示。

从 CAN 总线读取数据的例子如图 9-2 所示。

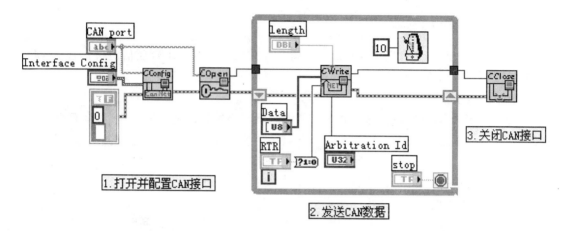

图 9-1 向 CAN 总线发送数据

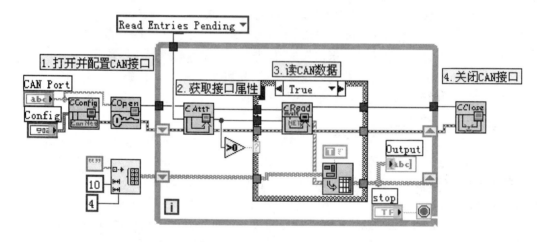

图 9-2 从 CAN 总线接收数据

9.3 测试系统中的无线通信

基于无线技术的测试系统实现方案具有更多的灵活性和优势。例如,能够直接降低布线成本;对过去一些物理位置无法测量的信号进行测量;可以构建分布式测量系统;能形成智能自恢复的网络系统等。

无线通信对未来测试系统的功能和结构会起着重要的影响。无线系统会成为有线系统的有益补充。

尽管在测试、测量与控制应用中采用的无线技术远远少于在消费电子中无线技术的应用,但其优势不应被忽视。然而,将有线系统替换为无线系统却不是仅仅将电线拔掉、布置到一个无线网络中那么简单。通过几十年的使用、经验和技术创新,工程师们开始期望得到一些测量系统的功能,而这些功能无线系统无法有效提供。众多无线系统中普遍存在的两个重要的不确定性,即安全性和可靠性。为了解决这个问题,无线协议标准组织不断在新的无线标准协议中加强安全性和无线可靠性,从而使得数据采集供应商可以利用这些安全性和可靠性方面的改进,使用与之相兼容的射频与软件体系结构。

无线系统面临的若干问题:与现有的有线系统相比,目前无线测量系统要解决包括数据带宽和延迟、同步、I/O选择以及在多厂商系统中的集成等诸多问题。

1. 带宽和延迟

基于PC的测量系统通常受到所用的物理通信总线对带宽和延迟规范的限制。带宽等价于在固定时间内,能够通过总线传输的数据量。延迟确定了数据从起始位置发送到目的位置的速度。在将无线与其他当今数据采集应用中广泛使用的总线(例如PCI Express、PXI、USB 2.0)的带宽和延迟进行比较时,无线电测量的各种参数都处于劣势。

在无线测量产品中使用最多的两个流行无线网络协议包括IEEE 802.11和IEEE 802.15.4。IEEE 802.11又称为Wi-Fi,它是家庭和办公室网络的流行协议。IEEE 802.15.4是基于ZigBee的网络协议,在小功率分布式网络中比较流行。这两个总线的理论带宽与1980年的ISA总线性能是相近的,甚至更差。与第一代PCI Express链路相比,802.11n(最先进的无线总线)和802.15.4的性能分别小了10倍和1 000倍。

无线网络的自身限制意味着无线网络无法在所有情形下替代有线系统。高速高通道数的动态测量会继续得益于物理连接到PC的高带宽总线。其他对总线带宽要求不高的低速(动态)或低通道数的动态测量与传感器测量则可以利用新型的无线技术。

2. 同步技术

大多数测量系统都有一个很重要的衡量标准,就是多通道之间、多设备之间以及多系统之间的同步测量。同步可以通过多种方式实现,但通常需要通过一条物理电缆共享时钟或触发信号,或是通过基于时间的方法,将多个本地时基同步的振荡器同步到一个共同的时间点上,并且以相近的频率进行工作。这些同步手段有各自的优点和缺点。基于信号的同步能够确保在不同通道、不同设备以及不同系统(可达到纳秒或皮秒级的精度)之间更加精确、更加严格的同步,但是限制了在同步系统之间相隔的距离(最大距离为100 m或更短)。对于基于时间的同步,可以在更长的距离之间同步系统(如果使用GPS就不存在距离限制),但是可达到的精度也会降低(通常是毫秒级)。

对于定时和触发,许多现代的无线测量系统与其他系统独立工作,无法使用基于信号或基于时间信号共享的同步。为了精确测量采集的多个通道的数据以及信号间相位关系,同步是至关重要的。许多目前使用的这类有线测量系统使用了十分精确的基于时间的锁相环(PLL)电路以及阻抗匹配信号通道。为了满足最严格的同步要求,需要使用有线测试系统。然而,有线网络和无线网络之间需要达到平衡,以便受益于新标准以及其他研究成果,如IEEE 1588

和 GPS 技术。

3. I/O 选择和电源可用性

正如无线技术十分吸引人一样，在测试、测量以及控制行业中，无线技术仍然十分年轻，这就限制了可以使用设备的数量和功能。对于成百上千的传感器来说，都需要进行特殊的信号调理，以便提供精确的测量。在过去的 20 多年中，仪器厂商进行了大量创新，并将基于 PC 的测量产品引入了市场，在全球已经总计达到 5 000 万个测量通道。无线测量系统并不会替代所有这些现有测量通道，但是在适当的应用中可以与现有系统互补。

在近期技术的发展蓝图中，无线采集是数据采集中最有前景的技术之一。然而，在新技术没有替代老技术之前有一个过渡时期，新老技术必须一起工作。随着新型系统的出现，很好地将新型基于模块的 PXI 等仪器与传统的独立或 VXI 仪器结合在一起，这个潮流在测试与测量行业中更为明显。通过使用例如 LabVIEW 等开放式软件平台，可以开始利用新技术，增加无线测量功能，并且同时保存现有的测量系统投资。

9.3.1 无线通信协议概述

目前的无线通信协议有很多，但可以应用于测试系统的短距离通信协议主要包括蓝牙、Wi-Fi、RFID 和 ZigBee 等。表 9-1 所列为几种短距离通信协议的比较。

表 9-1 几种短距离通信协议的比较

技术	RFID	蓝牙	Wi-Fi	ZigBee
单点覆盖范围	110 m	10 m	300 m	30~100 m
网络扩展性	无	无	无	自动扩展
最大功耗	0	1~100 mW	100 mW	1~3 mW
复杂性	复杂	复杂	很复杂	简单
传输速率	0.212 Mb/s	2.1 Mb/s	11 Mb/s	250 kb/s
频段	5.8 GHz	2.4 GHz	2.4 GHz	868 MHz~2.4 GHz
网络容量	无	8	50	65 000
组网时间	无	10 s	3 m	30 ms
终端设备费用	低	低	高	低
安全性	密钥	128 bitAES	SSID	128 bitAES
可靠性	一般	高	一般	高
使用成本	低	低	一般	低
使用难易度	简单	一般	难	非常简单

9.3.2 蓝牙协议概述

蓝牙（Bluetooth）技术是 Ericsson 公司于 1994 年最先提出，并在 1998 年由 Ericsson、

Nokia、Toshiba、Intel 及 IBM 等 5 家公司联合公开推出的一种短距离无线电技术,是无线数据和语音传输的开放式标准,它将各种通信设备、计算机及其终端设备、各种数字数据系统、甚至家用电器采用无线方式联接起来,能有效地简化各类移动通信终端设备之间的通信。

蓝牙采用分散式网络结构以及快跳频和短包技术,支持点对点及点对多点通信,工作在全球通用的 2.4 GHz 的 ISM(即工业、科学、医学)频段。其数据速率为 1 Mb/s。采用时分双工传输方案实现全双工传输。

2009 年 4 月 21 日,蓝牙技术联盟(Bluetooth SIG)正式颁布了新一代标准规范"Bluetooth Core Specification Version 3.0 High Speed"(蓝牙核心规范 3.0 版高速)。蓝牙 3.0 的核心是"Generic Alternate MAC/PHY"(AMP),这是一种全新的交替射频技术,允许蓝牙协议栈针对任一任务动态地选择正确射频。

作为新版规范,蓝牙 3.0 版的传输速度大幅提高,蓝牙 3.0 的数据传输率大约 24 Mb/s,是蓝牙 2.0 版的 8 倍,可以轻松应付各类高速数据传输应用,比如用于录像机乃至高清电视。

功耗方面,通过蓝牙 3.0 版高速传送大量数据自然会消耗更多能量,但由于引入了增强电源控制(EPC)机制,再辅以 802.11,实际空闲功耗会明显降低,蓝牙设备的待机耗电问题有望得到初步解决。事实上,蓝牙联盟也正在着手制定新规范的低功耗版本。

此外,新的规范还在密钥长度及协议安全性上进行了改进。

在 LabVIEW 中,可以使用蓝牙节点和 VI 来实现蓝牙无线网络通信,蓝牙节点位于函数选板的"数据通信→协议→蓝牙",选择相应的 VI 来加速用户进行蓝牙通信方面的程序设计。

图 9-3 是一个简单的从蓝牙服务器读取数据的例子。首先用 Bluetooth Open Connection.vi 连接到蓝牙服务器的指定一个通道,第一个 Bluetooth Read.vi 读取数据长度,第二个 Bluetooth Read.vi 才是读取的数据,并显示在 Waveform Graph。当读取完毕后,用 Bluetooth Write.vi 给服务器发一个确认的消息,这样做的目的是为了保证服务器和客户机的同步。当手动单击"停止"按钮时,程序也会终止。

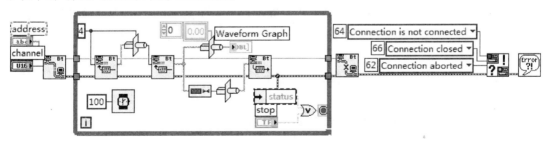

图 9-3 简单的蓝牙读取数据程序

9.3.3 Wi-Fi 协议概述

Wi-Fi(Wireless Fidelity,无线保真)也是一种无线通信协议,原来主要指 IEEE802.11b,

现在也指 IEEE802.11 其他协议。与蓝牙一样，同属于短距离无线通信技术。工作频率为 2.4 GHz，Wi-Fi 的速度因协议不同可达 11 Mb/s 和 54 Mb/s 等，其较高的带宽是以较大的功耗为代价的，因此大多数便携 Wi-Fi 装置都需要常规充电，这些特点也限制了它在工业场合的应用。

Wi-Fi 的主要特性为速度快，可靠性高，在开放性区域，通信距离可达 300 m；在封闭性区域，通信距离为 70～120 m，方便与现有的有线以太网络整合，组网的成本更低，进而形成一个完整的测试系统。

9.3.4 ZigBee 协议概述

ZigBee 是 IEEE 802.15.4 协议的代名词。根据这个协议规定的技术是一种短距离、低功耗的无线通信技术。这一名称来源于蜜蜂的八字舞，由于蜜蜂（bee）是靠飞翔和"嗡嗡"（zig）地抖动翅膀的"舞蹈"来与同伴传递花粉所在方位信息。也就是说蜜蜂依靠这样的方式构成了群体中的通信网络。其特点是近距离、低复杂度、自组织、低功耗、低数据速率、低成本。主要适合于自动控制和远程控制领域，可以嵌入各种设备。简而言之，ZigBee 就是一种便宜的、低功耗的近距离无线组网通信技术。

9.3.5 RFID 协议概述

RFID 是 Radio Frequency Identification 的缩写，即射频识别，也称电子标签。RFID 射频识别是一种非接触式的自动识别技术，它通过射频信号自动识别目标对象并获取相关数据，识别工作无须人工干预，可工作于各种恶劣环境。RFID 技术可识别高速运动物体并可同时识别多个标签，操作快捷方便。

RFID 是一种简单的无线系统，只有两个基本器件，该系统用于控制、检测和跟踪物体。系统由一个询问器（或阅读器）和很多应答器（或标签）组成。

RFID 按应用频率的不同分为低频（LF）、高频（HF）、超高频（UHF）和微波（MW），相对应的代表性频率分别为：低频 135 kHz 以下、高频 13.56 MHz、超高频 860～960 MHz、微波 2.4 GHz，5.8 GHz。

在物联网热潮中，RFID 在其产业链中具有重要的地位。

9.4 Compact FieldPoint 采集模块

Compact FieldPoint 是一个易于使用、具有高扩展性的工业控制与测量系统平台，它由稳固可靠的 I/O 模块与智能通信接口组成。利用 Compact FieldPoint，可以将 LabVIEW 应用程序下载至嵌入式控制器实现可靠的单机操作，并将传感器与高精度模拟模块或分立 I/O 模块直接连接。

Compact FieldPoint I/O 模块可以对原始的传感器信号进行滤波、校准处理,并将其转换至合适的工程单位,能执行自我诊断来查找诸如热电偶断开等问题。CompactFieldPoint 网络通信接口可以通过以太网自动发布测量值。利用同样简单的读/写软件框架,可以通过以太网访问附近或数英里之外的 I/O 节点。能实现任意类型的传感器与多种 I/O 模块中的一个相连接。最常见的传感器包括热电偶、RTD、应变计、4~20 mA 的传感器和各种 5~30 VDC 或 0~250 VAC 的数字信号。

9.5 CompactDAQ 系统

CompactDAQ 为实验室和工业现场以及生产线上的电子测量应用提供了简便的即插即用的 USB 连接方式,综合了数据记录设备方便易用、成本较低的特性以及模块化仪器高性能、高灵活性的特性,保证了 CompactDAQ 能在一个简单、实惠的小型系统中提供快速、准确的测量。图 9-4 为 NI CompactDAQ 系统实物图。

图 9-4 NI CompactDAQ 系统

USB 总线数据采集系统的主要优点之一是能够将系统扩展到计算机本身范围之外。USB 总线规范将端口和设备之间的距离限制到 5 m 以内。目前已经有一些 USB 总线扩展器将这一距离延长到几百米甚至 2 km。高速 USB 总线提供将 CompactDAQ 连接至台式机或便携式电脑的即插即用接口。高速 USB 总线拥有 480 Mb/s 数据传输速率,可为满载动态数据采集模块的完整 CompactDAQ 机箱提供足够带宽。

借助灵活的软件,既可以方便地使用 NI CompactDAQ 为简单实验记录数据,也可以开发完全自动化的测试、控制系统。模块化设计可确保在一个系统中对多达 256 个通道的电学、物理、机械或声音信号进行测量。此外,由于每个模块均配有模数转换器并且模块之间相互隔离,确保了快速、准确、安全的测量。

9.6　LAN 在虚拟仪器中的应用

随着互联网的迅猛发展,它正以一种无法预测的方式改变人们在生产、工作、生活和学习中的习惯。当然,它也将改变未来测试系统的存在方式。

通过网络,可以缩短时空的距离,加快信息的传递,实现各种资源共享。一个具有网络化的测试系统,在一些特定应用当中是相当具有吸引力的。

LAN 作为一种成熟的技术,在数年前就已经被广泛的应用于各种测试系统,如远程的网络分析仪和数据记录仪等,并特别适用于分布式的系统和远程监控,填补了传统仪器原来在这方面的空白。作为 VXIbus 规范的一部分,当时的 VXI-11 规范就定义了网络仪器通过 TCP/IP 进行控制器和设备之间通信的一系列标准。

无论是 LAN 还是 LXI,因为都是基于以太网的通信方式,以太网本身的一些缺陷还是会存在,如需要人工配置 IP 地址,如何解决 IP 地址的冲突问题等;此外,数据传递的实时性、数据的完整性和安全性等都是需要进一步探讨的问题。

目前,随着互联网的发展呈现出运营产业化、应用商业化、互联全球化、互联宽带化、多业务综合平台化和智能化。

伴随着 LAN 技术的逐渐成熟,LXI 也应运而生。LXI(LAN eXtensions for Instrumentation)总线规范源于美国军方应用的需求,它重新定义了一系列基于 LAN 的仪器类,其中包含基于现成的 IEEE 1588 技术的定时指标和可选的 LXI 触发总线。但 LXI 的仪器还是一种基于 LAN 的分立式仪器,只是将多种现有的技术(如 LAN,IEEE 1588 等)重新整合成一种新的标准,并没有太多技术上的革新。此外,LXI 目前主要还是针对美国军方的一些高端测量应用,还没有在工业界得到普及,市场上可供选择的 LXI 仪器不多。

LXI 测试和测量模块最适合用于设计验证和制造测试系统。LAN 的连通能力使模块能驻存在世界任何地方,或从世界任何地方访问 LXI 测试模块。与带有昂贵电源、背板、控制器、MXI 卡和电缆的模块化插卡框架不同,LXI 模块本身已带有自己的处理器、LAN 连接、电源和触发输入。LXI 模块的高度为一个或两个机架单位,宽度为全宽或半宽,因而能容易混装各种功能的模块。信号输入和输出在 LXI 模块的前面,LAN 和电源输入则在模块的后面。LXI 模块由计算机控制,所以不需要传统台式仪器的显示、按键和旋钮。LXI 模块用标准网络浏览器查错,用 IVI-COM 驱动程序通信,从而简化了系统集成。

9.7　串口在虚拟仪器中的应用

串口是计算机上一种非常通用设备通信的协议(不要与通用串行总线 Universal Serial Bus-USB 混淆)。常用的串口主要包括 RS-232,RS-422 和 RS-485。

RS-232(ANSI/EIA-232 标准)是 IBM-PC 及其兼容机上的串行连接标准。可用于许多用途,比如连接鼠标、打印机或者 Modem,同时也可以接工业仪器仪表。用于驱动和连线的改进,实际应用中 RS-232 的传输长度或者速度常常超过标准的值。RS-232 只限于 PC 串口和设备间点对点的通信。RS-232 串口通信最远距离是 50 英尺(15.24 m)。

台式计算机一般包含至少一个 RS-232 的接口,便携式电脑逐步取消了 RS-232 接口。RS-232 同时也是仪器仪表设备通用的通信协议;绝大部分 GPIB 仪器也带有 RS-232 接口。同时,串口通信协议也可以用于获取远程采集设备的数据。

RS-422(EIA RS-422-A Standard)是 Apple 公司的 Macintosh 计算机的串口连接标准。RS-422 使用差分信号,RS-232 使用非平衡参考地的信号。差分传输使用两根线发送和接收信号,对比 RS-232,它能更好的抗噪声和有更远的传输距离,这些在工业环境中是一个很大的优点。

RS-485(EIA-485 标准)是 RS-422 的改进,因为它增加了设备的个数,从 10 个增加到 32 个,同时定义了在最大设备个数情况下的电气特性,以保证足够的信号电压。有了多个设备的能力,你可以使用一个单个 RS-422 口建立设备网络。出色抗噪和多设备能力,在工业应用中串行连接会选择 RS-485。RS-485 是 RS-422 的超集,因此所有的 RS-422 设备可以被 RS-485 控制。RS-485 可以用超过 4 000 英尺(1 219.2 m)的线进行串行通行。

串口是数据按照串行模式进行通信,串口按位(bit)顺序发送和接收字节。尽管比按字节(Byte)的并行通信慢,但是串口可以在使用一根线发送数据的同时用另一根线接收数据。它很简单并且能够实现远距离通信。相比而言,GPIB 并行通信时,规定设备线总常不得超过 20 m,并且任意两个设备间的长度不得超过 2 m;而对于串口而言,长度可达 1 200 m。

因此,仪器上的配置的 GPIB 接口保证仪器可在近距离高速并行通信,而配置的 RS-232 接口保证仪器可实现远距离低速串行通信。

典型地,串口用于 ASCII 码字符的传输。通信使用 3 根线(发送、接收和地线)完成:由于串口通信是异步的,端口能够在一根线上发送数据同时在另一根线上接收数据。其他线用于握手,但不是必须的。串口通信最重要的参数是波特率、数据位、停止位和奇偶校验。

对于两个进行串行通信的端口,这些参数必须匹配:

(1) 波特率 这是一个衡量通信速度的参数,表示每秒钟传送的 bit 的个数。例如 300 波特表示每秒钟发送 300 个 bit。当提到时钟周期时,是指波特率。例如,如果协议需要 4 800 波特率,那么时钟是 4 800 Hz。这意味着串口通信在数据线上的采样率为 4 800 Hz。串口波特率有很多种,如 1 200、2 400、4 800、9 600 和 19 200 等等。注意:波特率和通信距离成反比。

(2) 数据位 这是衡量通信中实际数据位的参数。当计算机发送一个信息包,实际的数据不会是 8 位的,标准的值是 5、7 和 8 位。如何设置取决于待传送的信息。比如,标准的 ASCII 码是 0~127(7 位)。扩展的 ASCII 码是 0~255(8 位)。如果数据使用简单的文本(标准 ASCII 码),那么每个数据包使用 7 位数据。每个包是指一个字节,包括开始/停止位,数据位和奇偶校验位。包的概念不局限于串口通信。

（3）停止位 用于表示单个包的最后一位。典型的值为1,1.5和2位。由于数据是在传输线上定时的，并且每一个设备有其自己的时钟，很可能在通信中两台设备间出现了小小的不同步。因此停止位不仅仅是表示传输的结束，并且提供计算机校正时钟同步的机会。停止位的位数越多，不同时钟同步的容忍程度越大，但是数据传输率同时也越慢。

（4）奇偶校验位 在串口通信中一种简单的检错方式。有四种检错方式：偶、奇、高和低。当然没有校验位也是可以的。对于偶和奇校验的情况，串口会设置校验位（数据位后面的一位），用一个值确保传输的数据有偶个或者奇个逻辑高位。例如，如果数据是011，那么对于偶校验，校验位为0，保证逻辑高的位数是偶数个。如果是奇校验，校验位位1，这样就有3个逻辑高位。高位和低位不真正的检查数据，简单置位逻辑高或者逻辑低校验。这样使得接收设备能够知道一个位的状态，有机会判断是否有噪声干扰了通信或者是否传输和接收数据是否不同步。

图9-5是一个简单的应用串口发送和接收数据的LabVIEW程序。用户可以选择读或写，或者两者都有。首先用VISA Configure Serial Port.vi配置串口，设置波特率、奇偶校验位、数据位、停止位等。如果选择读写操作，则程序先用VISA Write.vi写数据，然后用VISA Read.vi读取特定端口的数据，最后用VISA Close.vi关闭端口。

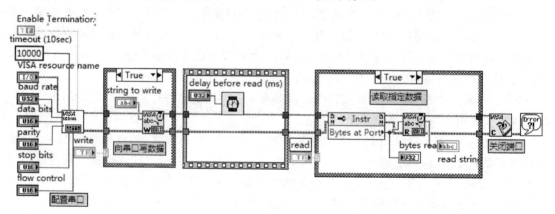

图9-5 串口读写数据例子

第 10 章　虚拟仪器系统的应用与开发

利用虚拟仪器技术可以开发出个性化的各类虚拟仪器系统,可应用于数据采集、图像处理、运动控制及嵌入式系统等。同时,虚拟仪器系统面向的行业又极其广泛,在汽车、通信、电力、新能源、航空航天、海洋、核工业、石化、船舶,半导体、生物医疗和制药等行业中都有用武之地。

尽管虚拟仪器系统各具特点,应用领域各不相同。但在其设计和开发过程中,在如何根据系统需求选择软硬件平台,如何选择测试模块,如何开发友好的用户界面等方面,还是有一些规律可以把握和遵循。

本章将在介绍虚拟仪器系统在部分领域的一些典型应用后,总结一下设计和开发虚拟仪器系统过程中一些经验和体会。

10.1　虚拟仪器系统的应用

在现代社会的发展过程中,人类需求不断增加和各类能源逐步减少的矛盾日益突显,因此对各种新能源和新技术的需求与日俱增。在传统领域,经过多年的发展,产生了大量与之配套的各种传统仪器;而面对一些新兴领域,比如不断涌现的一些新通信协议,虚拟仪器可以用户自定义的优势就显现出来。采用虚拟仪器技术可以快速的开发出适用于新领域和新技术的测试系统。

10.1.1　在通信领域的应用

目前,通信领域发展相当快,3G 通信的应用和 4G 通信的前期研究,以及感知无线电和物联网等都是热点研究,这也将带动 GSM/EDGE,RFID,ZigBee,Broadcast Radio(AM,FM,RDS,XM,Sirius)和蓝牙等的诸多应用。采用 NI 的模块化仪器,比如数字 I/O、精密电源、RF 模块、音频分析仪和开关等,就可以方便快捷的构造出具有各种功能的通信测试平台。

典型的通信领域的虚拟仪器应用如下:

(1) 基于 NI PXI 的频谱监测和干扰分析系统;

(2) 基于 PXI 的射频天线测试系统 ;

(3) CDMA/GSM 手机在线功能测试;

(4) DSL 设计验证与测试所需噪声和干扰的生成;

(5) 基于 LabWindows/CVI 的阿尔卡特(Alcatel)移动电话信号的清晰接收系统;

(6) 基于 LabWindows/CVI 的高质量 ADSL Modem 产品的生产系统；

(7) 基于 VC++ 和 IMAQ Vision 的进网许可证扰码串号图像处理系统；

(8) 基于 LabVIEW 的 ISDN 电话设备的比特误码率(BER)的测量；

(9) 基于 LabVIEW 和 IMAQ 的 LCD 机器视觉精确检测系统 Lxy；

(10) 基于 NI LabVIEW 与模块化仪器的手机在线测试系统；

(11) 基于 NI PXI 平台的集成化 EDGE 多功能测试系统；

(12) 基于 NI 产品的朗讯 CDMA 基站测试软件平台；

(13) 基于虚拟仪器技术的短波电台自动测试系统；

(14) 基于虚拟仪器技术的手机翻盖耐久性测试系统；

(15) 基于 NI TestStand 的摩托罗拉手机测试基站；

(16) 基于 NI PXI、Motion 及 Vision 的光纤自动化校准系统；

(17) 基于虚拟仪器技术的新的电信测试挑战系统；

(18) 基于计算机视觉的手机接口电路板组件检测系统；

(19) 基于 LabVIEW 的 SDH/PDH 远程测试系统；

(20) 基于 TestStand 的通信产品并行测试平台。

10.1.2 在汽车领域的应用

近年来，我国汽车工业有了长足的发展，自主研发能力逐步增强，汽车的产销量居于世界前列。每一辆汽车由上万个零部件组成，并且车用电气设备越来越多，从发动机控制系统到传动控制系统，从行驶、制动、转向控制系统到安全保证系统及仪表报警系统，从电源管理到为提高舒适性而作的各种努力，这些系统使得汽车电气系统形成一个复杂的大系统。在汽车的研发和生产过程中需要进行大量的测试，而测试要求和测试项目千差万别，采用传统仪器难以满足这些需求，而虚拟仪器的自定义特点恰好可以解决这些难题。

典型的汽车领域的虚拟仪器应用如下：

(1) 基于 NI PAC 的 ABCO 与 Allen Bradley PLC 的汽车传感器装配与测试系统；

(2) 基于 LabVIEW 的大众宝来 A4 轿车雨刮电动机性能测试系统设计；

(3) 基于 LabWindows/CVI 的汽车电喷模块检测系统；

(4) 基于 LabVIEW 和 NI-CAN 的燃料电池城市客车的整车信号监测与故障诊断系统；

(5) 基于虚拟仪器的电动机性能测试系统设计与实现；

(6) 基于 NI LabVIEW 7.1 和 NI-DAQmx 的 F1 赛车弯角器和刹车测力计系统；

(7) 基于 NI 虚拟仪器的电流变网络化测控系统；

(8) 基于虚拟仪器的油泵支架成品性能综合检测系统；

(9) 基于虚拟仪器的汽车功能测试系统；

(10) 基于虚拟仪器的汽车专用仪器检定系统研制；

(11) 基于虚拟仪器的燃料电池发动机智能测试平台；
(12) 图像处理方法在车灯配光检测系统中的应用研究；
(13) 图像处理方法在橡胶护套高速试验系统中的应用研究；
(14) 基于虚拟仪器技术的汽油发动机点火提前角测试系统；
(15) 用于电动工具寿命测试的实时测功机控制器和特性分析仪的设计。

10.1.3 在新能源领域的应用

太阳能是当今发展最为迅猛的可再生资源。世界各地的科学家和工程师正在携手研发太阳能发电技术，包括如何降低太阳能电池的材料成本，提高太阳能电站的生产效率以及太阳能光伏发电技术（PV）和太阳能集热器技术。

同时，随着风能被全球各地日益作为清洁能源的可靠来源，风电产业相关组件制造商和风机集成商也面临着提高生产效率，增强系统可靠性和并网问题的挑战。为解决这些难题，必须通过创新技术，提高组件的自动化测试效率，提高在线状态监测的可靠性和并网控制技术的有效性。

太阳能和风能技术都对测试技术提出了新的要求，一些典型的新能源领域的应用如下：
(1) 基于嵌入式视觉系统的太阳能电池板的确认和验证；
(2) 基于 NI CompactRIO 和运动控制系统的太阳跟踪及最大功率点跟踪系统；
(3) 基于 PXI 的光伏太阳能电池 I-V 特性记录系统；
(4) 基于虚拟仪器技术的发电机/齿轮箱测试系统；
(5) 基于虚拟仪器技术的风机叶片测试系统；
(6) 借助 NI LabVIEW 的风电机组的噪声测试系统；
(7) 基于 CompactRIO 和 PXI 的电厂内风机速度控制器的仿真与测试系统；
(8) 基于虚拟仪器技术的风电机组振动测试主减速器试验系统；
(9) 基于虚拟仪器技术的可配置传感器输入的发电机的自动化质量控制测试系统；
(10) 基于虚拟仪器技术的风电机组 CENER 的数据采集系统实验室测量系统；
(11) 基于 CompactRIO 的轴承在线机器状态监控系统；
(12) 基于 PC 的 500 kW 风电机组电能质量监测系统；
(13) 基于 LabVIEW 的混合式风能与太阳能发电站电能质量和电压监控系统设计；
(14) 基于 NI 数据采集系统的风电机组高强度钢塔 FEM 分析系统；
(15) 基于 Compact RIO 的风机叶片的状态监控系统；
(16) 基于虚拟仪器技术的风机叶片失效测试系统。

10.1.4 在其他领域的应用

除了在通信、汽车和新能源领域应用外，虚拟仪器技术在诸多其他领域的应用非常广泛，

几乎可以认为覆盖各行各业，如

(1) 基于 LabVIEW RT 的多任务控制系统；
(2) 基于 NI 测试仪器的温湿度测试系统；
(3) 基于 NI 若干技术的设备远程故障诊断系统；基于 LabVIEW RT 的集散控制系统；
(4) 基于 LabVIEW 的焊缝起始点视觉识别；
(5) 基于 LabVIEW 和 Fuzzy Logic ToolKit 的模糊控制位置纠偏系统设计；
(6) 基于 LabVIEW 和 PXI 平台的焊机自动测试系统；
(7) 基于 PAC 的核能发电厂的维护和监测控制系统；
(8) 基于 PXI 的分布式网络测控系统；
(9) 基于虚拟仪器的低成本高效率镇流器 ATE 平台；
(10) 基于虚拟仪器技术的高速电池分拣线数控系统的建造；
(11) 基于虚拟仪器技术的锅炉供热自动控制系统；
(12) 基于 PXI 和 LabVIEW RT 的 PAC 系统在冷轧钢自动化处理中提高响应时间；
(13) 基于 FieldPoint 的无人职守的温控器寿命与温度漂移综合测试系统；
(14) 基于 NI 测控产品以及虚拟软、硬件技术的卫星测控系统；
(15) 基于 NI 技术的航空机载附件的 ATE 测试系统；
(16) 基于 PXI 总线的旋转试验台综合测试系统的设计与实现；
(17) 基于虚拟仪器技术的燃烧器单喷嘴试验数据采集与分析系统；
(18) 基于 NI 产品的压气机管道声模态及不稳定特性测量的数据采集与分析系统。

10.2 开发虚拟仪器系统的一般原则

开发虚拟仪器系统，一般要经过需求分析，软、硬件平台选择，软件设计和硬件搭建，系统调试等几个步骤。下面简单介绍一下需求分析和软、硬件选择，重点谈一下用户界面设计的内容。

10.2.1 开发步骤

开发一个应用程序应该遵循一定的原则和步骤，这是开发出好的应用程序的保证。开发 LabVIEW 程序的大体步骤如下：

1. 需求分析

借用软件工程中的概念，本文所说的需求分析包括创建开发原型（明确实际要解决的问题）、分析程序的可行性（包括成本、性能、风险和技术障碍）等。

在创建开发原型的过程中，开发人员要与程序的最终使用人员进行几次充分的交流。这种交流是双向的，开发人员不仅要向程序使用人员了解程序需要解决哪些问题和对程序在功能上的要求,这些要求包括输入信号与输出信号的特征是模拟的还是数字的,频率是高还是低,有多少需要显示或者是控制的量等,记录下其所有的要求;并且在大多数情况下,程序开发者会接触到以前从未遇到的具体问题,其中会有大量的没有听说过的专业术语。关于这些要求千万不要马虎,要补上这一课,这有助于对最终问题的理解。同时也要向程序使用人员介绍虚拟仪器设计语言的一些特点和优势,尤其是显示和控制功能等,这样程序使用人员会更有针对性的提出一些意见,明确提出所要实现的程序功能。

在创建开发原型的基础上,程序开发人员对所要解决的问题有了大致的了解,甚至可以画出一个系统框图,之后就要进行程序的可行性分析。性价比是要考虑的一个主要问题,不同公司、不同型号的 DAQ 设备、传感器等硬件产品的价格有很大的差异;在保证系统功能的前提下,考虑软、硬件之间的兼容性,因此选择低价位的硬件并不一定是最好的。还有一个需要考虑的因素,就是对硬件产品的熟悉程度和这些产品的售后服务,有时候一个陌生的硬件产品的技术障碍会延长开发的周期,存在着一定的风险。因此不能只考虑产品本身价格,还要考虑人员支出。

2. 软、硬件选择

程序开发人员不必担心操作系统的问题,目前的 LabVIEW 2010 是一个支持多个系统平台的软件,在 Windows、Power Macintosh、Sun SPARCA 工作站、HP 工作站、Linux 上都可以运行。甚至在 Windows 编写的程序可以不加修改的移植到 Power Macintosh 或 Linux 等其他平台上去。

对于大多数用户来说,完整版的 LabVIEW 已经可以完成大多数的工作。针对一些特殊的任务,LabVIEW 2010 还提供了一些附加的工具包,这使得编写程序非常方便。这些工具包有:生成和发布执行程序、生成 Microsoft Office 格式的报告、企业系统-因特网连接、数据库集成、SPC 分析、PID 控制、模糊逻辑系统模拟与设计、小波和滤波器组设计、联合时频分析和数字滤波器设计等,并且 NI 公司每年都会有新的工具包推出。如果能在实际问题当中,选择适当的工具包将会达到事半功倍的效果。

在一个测控系统当中硬件是必不可少的,硬件的选择除了前面提到的性价比与风险控制问题之外,还要考虑与设备驱动软件的配合问题。这些硬件包括传统的 SCPI(Standard Commands Programmable Instruments,标准可编程仪器)、PXI/CompactPCI 模块化仪器(DAQ 板卡、GPIB 仪器控制卡、图像采集卡、运动控制卡)和 SCXI 系统等。其实在 LabVIEW 的设备驱动程序库中已经包含了上千个免费的驱动程序,这些驱动程序不仅支持 NI 公司的硬件产品,还包括了世界上各大仪器厂商的大部分仪器的 LabVIEW 驱动程序,如 HP/Agilent、Anritsu、Fluke、Keithley、Tektronix 公司的大量仪器的驱动程序都可以在 LabVIEW 2010 的仪器驱动程序光盘上找到,用户可按需要进行有选择的安装。

如果硬件设备的驱动程序没有现成可用的,也可以自己编写。这不仅需要一些更加专业的知识,像串行、GPIB 或 VXI 这些设备的通信标准,还要了解驱动程序的体系结构等,这是一个专门的方向。

3. 系统设计

系统设计过程中包括虚拟仪器系统的硬件搭建和软件设计。基于模块化的仪器硬件搭建相对于软件设计要容易实现。虚拟仪器系统的软件设计是围绕着 UI 和程序框图设计,通常是要投入更多的精力。

程序框图设计的过程中,要首先分析程序流程,再确定主要的程序结构,验证主要算法,确定变量命名原则,然后再开始具体编程。总之要先框架,后细节。

10.2.2 UI 的设计原则

UI 即 User Interface(用户界面)的简称。UI 设计是指对软件的人机交互、操作逻辑、界面美观的整体设计。优秀的 UI 设计不仅让软件变得有个性有品味,还让软件的操作变得简单、自由、舒适,充分体现软件的定位和特点。

UI 设计涉及很多方面,比如对于虚拟仪器系统来讲,UI 的设计又与其他软件不同。本文将主要介绍在 LabVIEW 中有关 UI 设计的一些技术和特点。作为一个 UI 设计人员,在设计过程中应该遵守的一些通用准则:

1. 功能性和易用性

UI 的基本功能就是和用户进行交互操作。用户通过按钮和菜单实现自己期望的操作,程序通过图表等形式反馈运行结果。理想的情况是:用户不用查阅帮助文档,直接通过观察就能获悉界面的功能并进行正确操作。

对于按钮和菜单上的语言要求要简单易懂,并且用词准确,摒弃模棱两可的字眼,还要与同一界面上的其他功能按钮易于区分,能望文知意。如图 10-1 所示,用户对这些图标和单词非常熟悉,达到了易用性的要求。

图 10-1 具有易用性的按钮

2. 规范性和统一性

界面设计按 Windows 界面的规范来设计容易被用户所接受,窗口包含"菜单条、工具栏、工具箱、状态栏、滚动条、右键快捷菜单"的标准格式,界面遵循规范化的程度越高,则易用性就越好。在图 10-2 所示的简单界面设计中,上方有工具栏,下方有状态栏,符合 Windows 规范性要求。

虚拟仪器系统,大部分是以测试为目的的,因此不一定要包括标准格式中的所有元素,比如工具栏和工具箱可能在一些程序中就不必保留。

统一性还体现在一个程序如果包括多个窗口,相互之间要协调一致,做到布局相对合理,控件风格一致,简洁大方,颜色搭配协调,不要风格迥异。

尽管 UI 设计要有规范,但也不能千篇一律,适当增加具有自己独特风格的界面元素,比

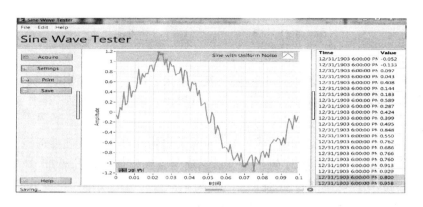

图 10-2　符合 Windows 规范的界面风格

如公司 LOGO,公司名字等,实现个性 UI。但千万不要太过"创新",进行无根据的创新,违背普通大众的一些常识。

3. 美观与协调性

UI 的美观与协调应该从布局、控件、字体和颜色等几个方面考虑。UI 尺寸应遵循美学观点,以协调舒适为原则。窗口切忌长宽比例失调;布局要合理,不宜有的区域过于密集,有的区域过于空旷,要合理的利用空间。

在控件方面,按钮尺寸要协调,控件命名要简洁;按钮的大小要与界面的大小和空间协调;避免用很大的按钮来引起用户注意;控件分布距离应适当。

字体和颜色方面也要注意协调,字体的大小要与界面的大小比例协调;前景与背景色搭配合理,反差不宜太大,避免用深色和刺眼颜色;最好使用 Windows 界面色调。

4. 考虑用户的需求

时刻考虑到用户的操作习惯和需求,屏幕对角线相交的位置是用户直接观察的区域,正上方四分之一处为易吸引用户注意力的位置。重要操作必须提供确认信息,给用户放弃选择的机会;不正确的输入或操作应有足够的提示说明;对运行过程中可能出现问题而引起错误的地方要有提示,让用户明白错误出处,避免重复出错。如图 10-1 界面中,如果中止"Save"操作,就会在屏幕对角线相交的位置弹出如图 10-3 所示的提示框。

图 10-3　错误提示信息窗口

10.3　应用实例

在编者承担的一个科学基金项目中,要开发一个太阳能电池噪声测试系统,现以此为例来说明 LabVIEW 程序开发的流程。这里主要介绍程序设计的思想框架,不涉及具体的代码设计。

按照虚拟仪器测试系统的开发步骤,首先应该考虑需求分析和软硬件选择。对于太阳能电池噪声测试系统功能,需要实现的功能包括自动测量太阳能电池的噪声,对噪声信号进行 FFT 计算,得到其噪声功率谱密度,提取一些重要频率点的噪声功率谱密度值;对太阳能电池进行时域和频域的可靠性筛选分析,保存每个器件的测量数据;能够回放、查询已测器件的相关信息和能够打印报表。

系统的硬件部分包括太阳能电池的噪声偏置电路、双通道低噪声放大器和数据采集卡。太阳能电池测试包括正偏和反偏状态下的噪声测量,测试电路如图 10-4 所示。

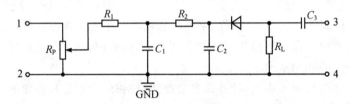

图 10-4　太阳能电池正偏/反偏条件的测试电路

本系统采用的是 NI PCI 6251 数据采集卡,它提供了三种连接方式:参考地单端连接、非参考地单端连接和差分连接。差分连接可以很好地抑制共模干扰,有效屏蔽信号与地之间的噪声影响,故本系统采用的是这种接法。另外其模拟输入和输出通道允许的电压范围都在 $-10 \sim +10$ V 之间,足以测量太阳能电池的输出噪声。另外,它的分辨率为 16 位,能够对微弱噪声信号的变化产生反应。

本测试系统测量的是太阳能电池的输出噪声信号,因此数据采集提供各种参数是可以满足测量要求的。这个测试系统中硬件部分并不多,但是由于噪声信号非常小,因此必须做好屏蔽工作。整个测试系统的硬件系统框图如图 10-5 所示。

接着进行详细的系统设计。首先应该设计程序框图。根据太阳能电池噪声测试系统需要实现的功能,主程序所要实现的主要任务序列包括:

(1) 采集→分析→筛选→数据存储;

(2) 数据回放;

(3) 打印。

为了使界面简单,只放置了设置参数、正偏测量、反偏测量、停止测量 4 个按钮,其他的功

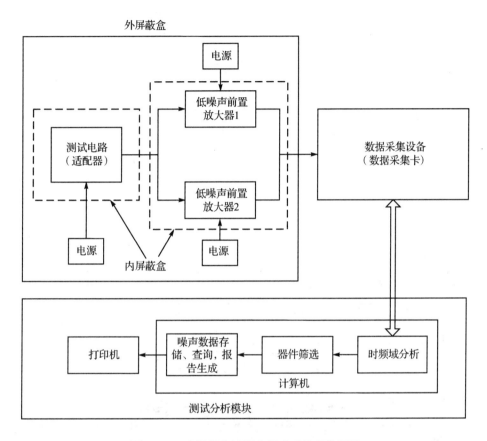

图 10-5 太阳能电池噪声测试系统硬件框图

能以自定义菜单的形式出现,用户需要进行相关操作时,点击相应的下拉菜单即可。

根据模块化程序设计思想,可以分成 5 个模块:采集模块、时频域分析筛选模块、数据保存模块、数据回放模块和打印模块。主程序的框图如图 10-6 所示。采用用户事件与状态机模式相结合程序设计模式,所编写的程序界面如图 10-7 太阳能电池噪声测试系统界面图。

编写好程序之后必须测试程序,这是一个比较重要的过程,必须认真、仔细,除了修改报错的地方外,尽量发现程序中潜在的错误和缺陷,同时应该记录测试报告。在测试过程中,可以充分运用 LabVIEW 提供的各种调试工具,掌握相关的调试技巧。

最后根据需要可以生成项目的应用程序或安装程序。

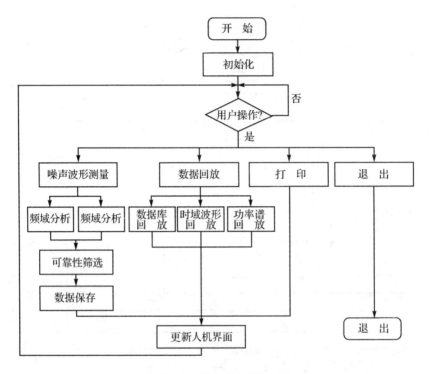

图 10-6 测试系统程序框图

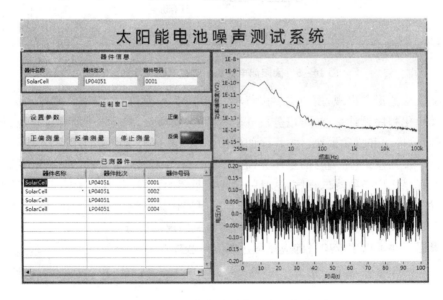

图 10-7 太阳能电池噪声测试系统界面图

参考文献

[1] 徐赟. 仪器总线技术的回顾与趋势展望. 电子测试[J]. 2009.06:87~90.

[2] 郭恩全,苗胜. 测试总线发展的回顾与展望. 电子测量与仪器学报[J]. 2009,19(8):1~8.

[3] NATIONAL INSTRUMENTS. LabVIEW Measurement Manual,2003.

[4] 周求湛,钱志鸿,刘萍萍,戴宏亮. 虚拟仪器与LabVIEW7Express程序设计[M]. 北京:北京航空航天大学出版社,2004.

[5] 宁涛. 虚拟仪器技术及其新进展. 仪器仪表学报[J]. 2007,28(4):252~254.

[6] 周求湛,胡封晔,张利平. 弱信号检测与估计[M]. 北京:北京航空航天大学出版社,2007.

[7] 钱志鸿,杨帆,周求湛. 蓝牙技术原理开发与应用[M]. 北京:北京航空航天大学出版社,2006.

[8] Simon Hogg. Creating Quality UIs with NI LabVIEW [EB/OL]. [2010-04]. http://decibel.ni.com/content/docs/DOC-10961.

[9] Thomas_Magbee. LabVIEW UI Tips and Tricks [EB/OL]. [2010-06]. http://decibel.ni.com/content/docs/DOC-11977.

[10] Jim Pierson, Jim West. Spectrum Monitoring and Interference Analysis Using NI PXI [EB/OL]. [2008]. http://sine.ni.com/cs/app/doc/p/id/cs-668.

[11] Alberto Cortes, Ricardo Silla,优化太阳能面板制造[EB/OL]. [2009]. http://sine.ni.com/cs/app/doc/p/id/cs-12226.